講談社

# まえがき

生態学は、生物と環境の関係を研究対象とする科学です。生物と環境の関係は多様で複雑です。生物種としての私たちヒトと環境との関係もふくめ、それをさまざまな空間的・時間的スケールで捉え、分析し統合することで、生物の生態と進化、ヒト・人類社会を取り巻く環境の課題などについて理解を深めたり、予測したりすることができるようになります。地球環境も地域の環境も大きく変化しつつある現在、持続可能な社会を築くために私たちには、生物である私たち自身の環境についての理解を深めることが求められています。そのためにも生物と環境の関係についての科学である生態学の考え方や知識を学ぶことが欠かせません。生態学は、さまざまな難しい環境の問題に直面している現在の人類社会においては、人々にとって欠くことのできない環境リテラシーの基礎ともいえます。

生態学では、主体となる生物と物理環境との関係、生物環境との関係である生物間相互作用、個体群の動態、生物群集の動態、進化などを理解し予測するため、数理モデルや統計モデルが重要で基本的な研究手段になっています。そのため、多くの生態学の分野の基礎的な記述にも、数式が用いられます。しかし本書では、広い読者層のみなさまが入門書としてお読みくださることを想定し、本文の記述からは極力数式をのぞき、簡単なものも含め、数式による記述はおもにコラムで扱いました。

コラムには、基礎的な理解をいっそう深めるための話題や生態学の幅広い領域の先端ともいえる学際的な話題なども取り上げています。本文をお読みいただくだけでも、生態学の基礎と広がりを学べるように内容を構成しました。加えてできるだけコラムにもぜひお目通しいただければ幸いです。

本書のもうひとつの試みは、親しみやすい多くのイラストで、難しいことがらも楽しみながら学べるようにしたことです。イラストは、中央大学理工学部保全生態学研究室の大学院生の工藤遥香さんが、自らもより深く生態学を学びながら、時間をかけてていねいに描いてくれました。若い感性ゆえのカワイイそれらのイラストのおかげで、本書は類のない「楽しく学べる」生態学の入門書になりました。工藤さん、そして本書の企画・編集に多大なご尽力をいただきました講談社サイエンティフィクの小笠原弘高さん、校正の段階でお世話になった保全生態学研究室の永井美穂子さんと西原昇吾博士に、この場を借りて心よりお礼を申し上げます。

本書が、適切な環境管理に欠かすことのできない広く豊かな知の宝庫ともいえる「生態学への扉」を開くきっかけとなることを願います。

2017 年秋　文京区にて

鷲谷いづみ

## 大学1年生の なっとく！生態学

contents

**コラム 一覧**



イラスト――工藤遥香
ブックデザイン――安田あたる

# 1章 生物と環境

生態学は、生物と環境の関係の科学です。生物と環境の関係は多様で複雑です。それをさまざまな空間的・時間的スケールでとらえ、分析し統合するのが生態学です。環境は、生態学のもっとも基本的なキーワードのひとつです。

## 1.1 主体と環境

環境は、生物の個体やその集団など、特定の主体の外にあって、その活動やくらしに影響するものの総体を意味します。どのような主体をとりあげるか、また、どのような活動・くらしに目を向けるかで、とりあげる環境の範囲や内容は異なります。

日常用語でも環境という言葉が使われます。その場合の主体は、ヒトの個体や集団（社会）をさします。地域社会やより広域的な社会、人類全体にとっての環境を意味することもあるでしょう。

生態学で環境という用語を用いる場合、分析や評価の対象となる主体を明確にしておかなければなりません。生態学では、生物の個体、同種の個体の空間的にまとまりのある集まりとしての個体群、特定の空間にくらす（動物の場合は生息する、植物の場合は生育する）生物の集まりである生物群集などを主体としてとらえて、それらと環境との関係を探ります。

環境は一方的に主体に作用（影響）するだけではありません。多くの場合、主体の生活・活動に応じて変化します。その変化をもたらす主体から環境への作用を反作用、あるいは、生物の環境改変作用とよびます。そして改変された環境がまた生物に作用します。このように、生物と環境の関係は、互いに作用をおよぼしあうダイナミックな関係です。

生態系は、生物群集、そこに含まれる種の個体群の相互関係、それらにとっての非生物的な環境要素との関係を含むシステムです。生態系の成り立ちやはたらき（機能）を理解するには、それらの関係の理解が欠かせません。

## 1.2 時間と空間のスケール

生態学であつかう問題は、それぞれに応じた適切な時間・空間のスケール（尺度や規模）でとらえることが必要です。

環境は空間的には不均一であり（空間不均一性あるいは空間変動性）、時間的にも変動（時間変動性）しています。生物のかかわるプロセスは動的、すなわちダイナミックに変化するので、この両者は相互に関連しており、時空間変動としてとらえることが必要です。

生態学が扱う生物と環境の関係には、ある時点での関係だけでなく、生物が環境に適応して進化する（4章）という、やや長いタイムスケールでみたダイナミックな関係も含まれます。

生物は体の大きさや生活のしかたによって、その生活に影響する環境の範囲が異なります。移動能力の小さい生物は、局所環境（ミクロな環境）の影響を強く受けます。動物や菌類にとっては植物がつくる植生が局所環境をつくっています。

生態学では注目する対象や現象により、考慮すべき時間・空間の範囲は大きく異なります。環境と生物の関係のうち、環境要因に対する生物個体の生理的な反応などは、数秒から数週間ぐらいの時間で生起します。生き死にや誕生によって個体数が変動する個体群の動態は、生物の数～十数世代ぐらいの時間の長さにあたる生態的タイムスケールでとらえることが必要です。適応進化や種分化はそれより長い進化的タイムスケールでとらえなければなりません。なお、世代の時間は、繁殖からその子どもの繁殖まで（個体が生まれてから繁殖年齢に達するまで）の時間をさします。

空間は、対象に応じて、生物の生息や生育に必要な微小な空間（局所）から広域（地域）、さらには地球規模の空間スケールまで多様なスケールでとらえることになります（**図 1-1**）。

**図 1-1　空間・時間スケールのイメージ**

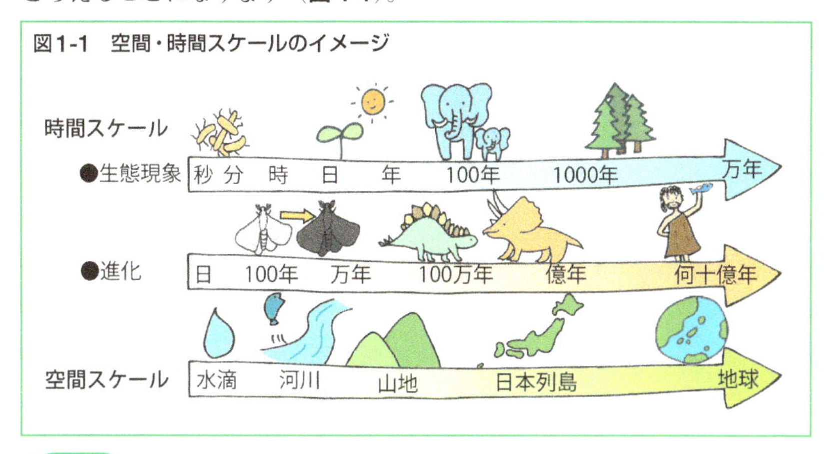


## 1.3 環境要因：資源と条件

環境と生物の関係を分析するには、環境を要素に分けて認識することが必要です。

環境の要素、環境要因は、主体への作用の様式に応じて、資源と条件に分けられます（**図 1-2**）。資源は、動物にとっての餌のように消費されたり、営巣場所のように占有される環境要因です。消費・占有により、不足したり枯渇したりするため、資源をめぐる奪いあいである競争がおこります。競争は、生物群集の組成などを考える上で重要な生物間相互作用のひとつ（8 章）です。

生物は、多様な資源に依存して生活しています。同じ資源を利用する生物の間では、種内 / 種間を問わず競争がおこります。

私たちヒトのくらしは衣食住に欠かせない資源に依存しています。ヒト以外の動物には衣は不必要ですが、食（栄養となるもの＝餌）と住（安全な空間＝営巣場所など）はとくに重要な資源です。餌は、それをある個体が食べてしまえば他の個体は食べることができません。餌が不足すればそれをめぐる激しい競争がおこります。また、住処、営巣場所もある個体が占有すれば他の個体は利用できないため競争がおこります。

独立栄養生物である植物にとっては、光合成に必要な光、水、栄養塩（窒素、リンなどの塩で肥料分）などが栄養を得るための資源として重要です

図1-2　資源と条件

(**図 1-2**)。種子植物にとっては、花粉を運んでくれるポリネータ（6.5）も有性生殖によって子孫を残すためになくてはならない資源です。

植物は動けないので局所的には強い競争が生じます。地上では光をめぐり、地下では栄養塩や水をめぐり激しい競争が展開します。光をめぐる植物間の競争では、葉をより高い位置に広げて光を受けることのできる植物の競争力が大きいといえます。

資源以外の環境要因は条件（＝環境条件）です。温度や湿度など気候や微気象の条件、環境汚染物質などがそれにあたります。光は動物、植物のいずれのくらしにも重要な影響をおよぼす環境要因ですが、植物にとっては資源であるのに対して、光をめぐって競争することのない動物にとっては、条件ではあっても資源ではありません。

## 1.4 環境要因：無生物環境要因

環境要因は、大まかに、無生物要因（物理的要因）と生物要因に分けることができます。前者の例としては、温度、湿度、流速、水質、化学物質（濃度）などがあげられます。生物要因は、主体との間になんらかの生物間相互作用が認められる他の生物がそれにあたります。

無生物的環境は、局所の微気候などから広域の気候帯まで、さまざまな空間スケールで生物の生活に影響し、種の分布を決める要因にもなっています。生物は、その活動により無生物環境を改変する作用（反作用）をもたらすとともに自然選択による適応進化を介して無生物環境に適応します。

光、温度など多くの非生物的環境要因は、地球の自転と公転によってもたらされる昼夜の規則的な交代や、大気・海洋における熱循環がつくりだす地域特有の気候にもとづいて変動しています。それより狭い空間スケールでは、地形や地質が環境要因の不均一な分布をもたらし、移動能力がそれほど大きくない動植物の個体にとってはさらに小さな空間スケール（局所）の環境の不均一性がその生存や成長、繁殖などに影響します。

地表をおおう植生（植被）はそこでくらす多くの生物にとっての環境をつくりだします。葉層による太陽光の吸収により、植生内部では垂直方向に光が減衰し、葉の密度・配置・配向などが光環境の不均一性をつくっています（**図1-3**）。温度もそれに伴って変動します。

生物要因と特定の生物の関係である生物間相互作用は、無生物環境との関係以上に多様で複雑であり、ダイナミックに変化します（6章）。

**図1-3　森や草原での光の垂直分布の例**

**図1-4　植物の生活史と環境要因**

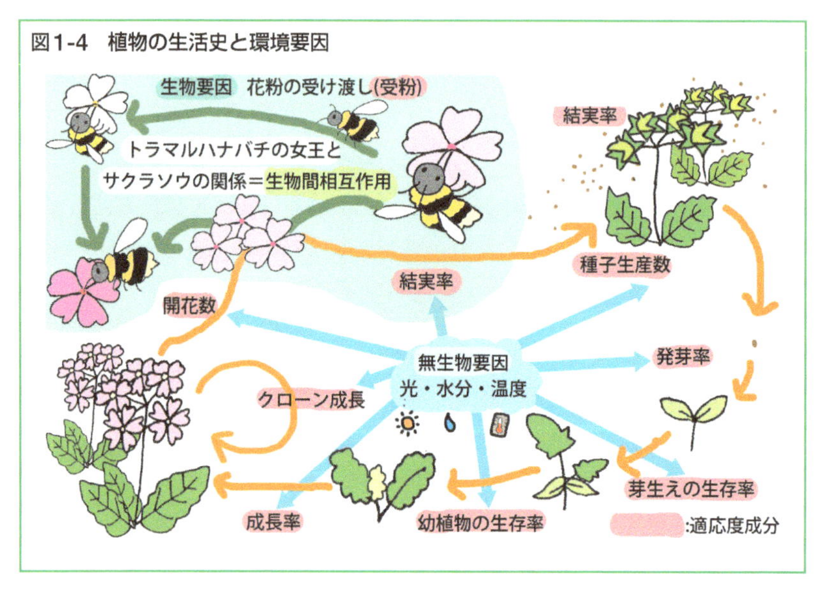

# 2章 さまざまな環境

生物にとっての環境は、空間的には微細な（ミクロ）スケールから地球規模のスケールまで変化に富んでいます。ここでは局所規模・地域規模および地球規模で、特徴ある環境を概観します。

## 2.1 水域と陸域

地球上には生物の生息・生育環境（ハビタット）になりうる多様な環境の領域がありますが、大きくは水域と陸域に分けられます。

水域は、海水（塩分濃度およそ3.5〜5%）、汽水（淡水と海水が混じりあうことで生じる、塩分を含む水。塩分濃度およそ0.05〜3.5%）、あるいは淡水（塩分濃度0.05%以下）に満たされている環境で、そこで生活するのは、おもに水中生活に適応した生物です。海水に満たされた海洋はもっとも広く、地球の面積のおよそ7割を占めています。およそ3割を占める陸地には、湖沼、池、河川などの淡水の水域が存在しています。

水域と陸域では、環境の時間的空間的な変動の大きさが異なります。水域、とくに海水で満たされている海洋は、変動が少なく比較的均一です。一次生産にとって重要な光と温度も、時間的にも空間的にも規則的で、緯度や水深、季節、一日の時間帯などに応じて変化します。大きくは気候帯により、局所では水深の違いなどによって、異なるハビタットがみられます。

それに対して陸域では気候や地形などにより環境が変化します。内陸では季節による温度差や昼夜の温度差が大きく、また場所により降水量が大きく変化します。すなわち、海洋に比べて陸上では環境の空間的な不均一性と時間的変動が著しいのが特徴です。

### 2.1.1　海洋の環境

水の惑星ともいわれる地球の表面に存在する水の大部分は海洋に存在しています。海洋の面積は地球表面の約4分の3を占め、平均水深約3,800 mまでを海水が満たしています。

陸上における生物のハビタットを地表から生物の密度がある程度大きい高さ100 m程度までとすると、海洋には容積にして陸上の100倍以上の大きさのハビタットがあるといえます。

海洋のおもなハビタットは、陸に近い水深200 mまでの沿岸域（およその大陸棚の範囲　全海洋面積の約8%）と、陸地から離れた外洋域とに分けられます（**図2-1**）。外洋域は、もっとも深い場所では水深が10,000 mを超えており、海溝などの地形に応じて特殊な深海・超深海のハビタットが存在します。

水は空気より光を透過させにくく、濁りのない外洋でも光が届く有光層はせいぜい水深150 mまでです。水が濁っていればその程度に応じて浅い水深までしか光は届きません。

海洋の生産者は、おもに植物プランクトンです。沿岸近くの浅い水域では、海藻や海草など大型の植物も生産者の役割を担います。

海洋は、生命の誕生の場であり、古くから生物の生息・生育場所でした。40億年におよぶ生命の歴史の大部分で、生物のハビタットは海洋および干潟など陸地との狭間に限られていました。陸上で生命活動が展開するようになったのは、およそ4億6千万年前で、海洋での生命の歴史の時間の長さの1/10程度でしかありません。

海洋は陸上に比べて長期的な時間変動の小さい環境です。とりわけ深海の環境は、6,500万年前に恐竜をはじめ多くの生物を絶滅させた大異変による海洋の酸性化など、さまざまな環境悪化からも免れていたと考えられています。4億年前から深海に生息していた**ウミユリ**や**シーラカンス**など、「生きた化石」とよばれる生物が、現在でもそれほど変わらない姿で生息していているのはそのためです。日本近海にも生息する、シーラカンスに似た**ヒョウモンシャチブリ**は、DNA分析の結果、1億年以上前から生息してい

図2-1　海の環境の区分け

column

## 深海底の生態系

水深 200 m 以下の深海の底は光が届かず、光合成生物は生きることはできません。さらに水深の深い場所では水圧が高く、特殊な環境に適応した生物だけが生息しています。そこでの生産者は、太古の昔から生きてきたと考えられる化学反応からエネルギーを得る化学合成をおこなう化学合成細菌です。

硫黄細菌と鉄細菌は、それぞれ次のような化学反応で、化学エネルギーを取り出します。

$2H_2S + O_2 \rightarrow 2H_2O + 2S$ + 化学エネルギー
硫化水素

$4FeCO_3 + O_2 + 6H_2O \rightarrow 4Fe(OH)_3 + 4CO_2$ + 化学エネルギー
炭酸鉄(Ⅱ)　水酸化鉄(Ⅲ)

深海の生態系をささえる有機物は、マリンスノーとよばれる海洋表層から降ってくるプランクトンの死骸からも供給されています。

地熱で熱せられた熱水が噴出する熱水噴出孔の近くでは、硫化水素を基質として化学合成細菌が一次生産者になり、それに依存して、**ハオリムシ**や**シロウリガイ**、**ゴエモンコシオリエビ**など高圧・低温・暗黒の深海環境に適応した生物群からなる生態系がみられます。

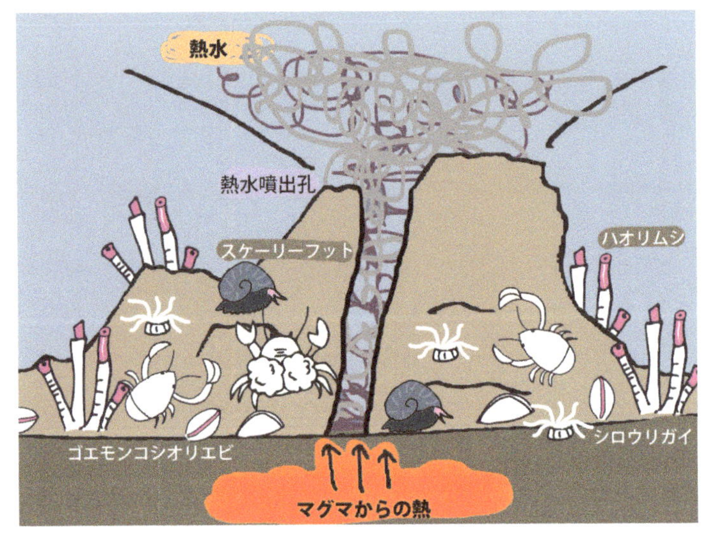


**図2-2　熱水噴出孔近くの生物相**

た古代魚であることがわかりました。暗黒の深海の岩礁でくらし、特殊化した腹びれのアンテナでまわりを探ります。

### 2.1.2　プレートの運動と火山

プレートテクトニクスは地球表面が地殻とマントルからなる厚い巨大な岩盤であるプレートで構成されているという学説です。プレートが生み出される場所や沈み込む場所では、溶融物であるマグマが上がってきます。マグマは、マントルが海水に溶け、冷やされて生成すると考えられています。プレートは移動しており、大陸にぶつかる部分で沈み込みます。マグマは溜まると噴き出し、噴出物が火山をつくります。地球上にはプレートの周辺で火山が集まる火山帯がいくつかありますが、日本列島は環太平洋火山帯の一部をなしています。火山が噴火すると広範囲にわたって植生が破壊されるなどの大きな攪乱のイベントが生じます。そこには火山特有の生態系がみられます。

海洋の深海底には、地熱で熱せられた水が噴出する割れ目、熱水噴出孔がみられる場所があり、特殊な深海生物を含む生態系が存在します（10ページコラム）。

### 2.1.3　多様な環境をつくる地形形成

前項で述べたプレートテクトニクスと火山活動は、地球の内部からの作用であり、山脈、山地など、地表にスケールのやや大きい地形をつくりだします（**図 2-3**）。さらに、地震を伴う断層の形成などにより、陸上では地域的なスケールでそれぞれ特徴のある地形が形成されます。山脈・山地ができると場所による高度差を生じますが、平均的には 100 m 高くなるごとに気温が 0.6℃低下するので、標高に応じて異なる温度環境が生じます。

陸上では、水による地表面の浸食・土砂の運搬・堆積の作用による微小なスケールから地域スケールまでの地形の形成、すなわち、河川による地形形成が重要です（**図 2-3**）。河川は長期的には上流部では谷を刻み、中流域には扇状地を、下流域には沖積平野を発達させます。堆積した土砂の粒

図2-3 地形形成作用

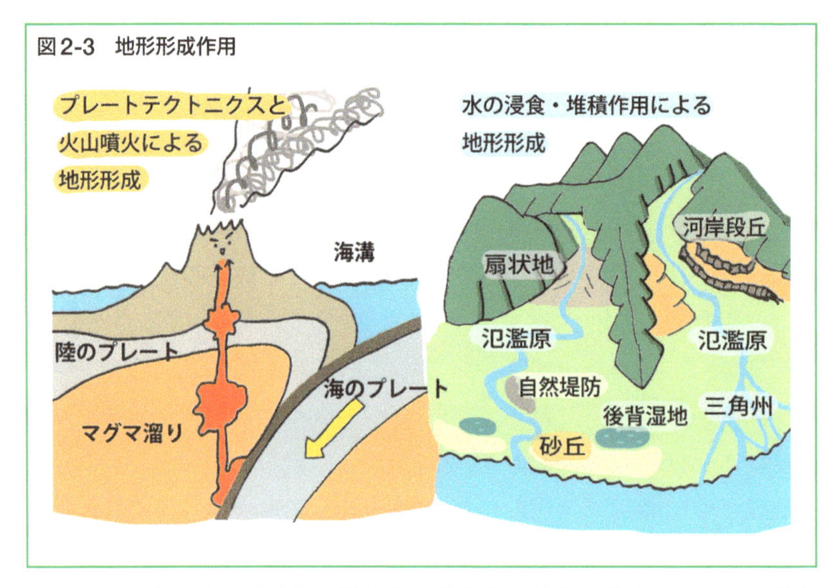


度に応じて水はけや栄養塩の保持力が異なり、植生の発達のしかたが異なります。

河川の水による地形形成作用が活発に展開する場を氾濫原とよびます。それは、河川の流水が洪水時に河道から氾濫する範囲をさします。そこには、流水のほか、池沼、湿地、湧水などの多様な淡水環境がみられます。氾濫時には土砂の掘削や堆積がおこり、植生は定期的な攪乱を受けます。

中流域から下流域にかけての氾濫原では、流水、氾濫水、伏流水、地下水など、さまざまな様態の淡水が存在し、それが時間とともに変動します。氾濫原の生物はこれら多様な水辺環境および樹林、湿地など、異なる環境を組みあわせて利用します。

氾濫によってつくられた池沼は永続的なものではありませんが、氾濫原全体には常に多様な大きさや形の池沼がみられます。局所的には水面になったり植生におおわれたりする変化がおこっていますが、全体をみると同じような環境の組みあわせがみられるこのようなシステムを、シフティングモザイクとよびます（11章）。

氾濫原の水域では、季節に応じた規則的な水位の変動がみられます。生活史の少なくとも一時期を氾濫原の水域で生活する動物は、季節的変動に

### column 氾濫原と稲作・さとやま

水が豊かで土壌の肥沃な氾濫原は、狩猟採集時代から、狩猟・漁労・採集の場としてヒトの重要な営みの場でした。稲作がはじまったのも氾濫原であると考えられています。野生のイネ（ジャポニカ米）は、東南アジアや中国の氾濫原に生育する植物です。8,000年ほど前の揚子江デルタの遺跡からは、イネが採集利用から氾濫原湿地に簡単な水田をつくって栽培されるようになったことを示す考古学的証拠がみられます。

日本でも各地で水田遺跡がみつかっており、2,000年以上前から水田稲作がおこなわれていたことがわかります。近代的な土木技術が発達するまでは、水田は、川の谷筋や小規模な氾濫原に開かれました。氾濫原の池沼などを生息・生育の場としていた両生類、淡水魚、水生昆虫、水草などは水田を代替の生息・生育場所とするようになりました。水田、ため池、用排水路などの水系ネットワークは河川とつながっており、氾濫原の多様な湿地の代替として、多くの湿地の生物に生活の場を提供しました。

氾濫原では、季節的に、また不定期に、氾濫がおこって植生を破壊する作用である撹乱が生じます。肥料・燃料として利用するための植物の刈り取り、水の利用・管理のための池さらいや用排水路の清掃などのヒトの営みは、定期的に適度な撹乱を与え、本来の氾濫原の生き物の生息・生育の条件に寄与したと考えられます。伝統的な稲作が水辺の生物多様性を損なわず、むしろその持続に寄与したのは、水田を含む水辺が氾濫原湿地に起源をもち、人間活動に伴う撹乱が自然の撹乱と規模においても質においてもそれほど異なることがなかったからだと推測されます。

しかし、農業の近代化のためのほ場整備、ため池の改修、用水のパイプライン化、排水路のコンクリート護岸化、肥料・農薬の多投入による画一的な「慣行」稲作は、身近な水辺環境を激変させました。多くの身近な水辺の生物が絶滅危惧種のリストに掲載されるようになったのはそのためだと考えられます。

適応するとともに、ときおり生じる予測不能な変動に対処する能力を進化させています。

河川の河口部には三角州など、広い氾濫原がみられます。そこは、歴史を通じて人間活動の主要な場でした。古代の文明は、大河川の下流域の氾濫原に発達しました。生命維持にもくらしのさまざまな用途にも欠かせない水と、氾濫がもたらす肥沃な土壌とそこに育まれる豊かな植生は、人々のくらしにも生産にも欠かせないものでした。しかし、その環境を必ずしも持続可能なやり方で利用してきたとは限らず、肥沃な氾濫原の自然の恵みにささえられて成立した古代文明も、やがては衰退し、砂漠化しました。

## 2.1.4　陸上への生物の進出

陸域の環境の特徴は、水分の変動や温度の変動が大きいことです。また、光を遮るものがなければ、生物は有害な紫外線を含む強い光にさらされます。

そのため、生命が誕生してから今日までの約40億年のうちの3/4の期間については、生物は水中でのみ生活していました。生命が誕生した頃、地球の大気は、おもな成分が二酸化炭素で約96%を占め、窒素や水なども含まれていたものの、酸素は存在しなかったと推測されています。

光合成生物が誕生すると、植物プランクトンの光合成で発生した酸素が大気に蓄積するようになりました（**図2-4**）。それによりオゾン層が形成さ

**図2-4　植物の陸上進出**

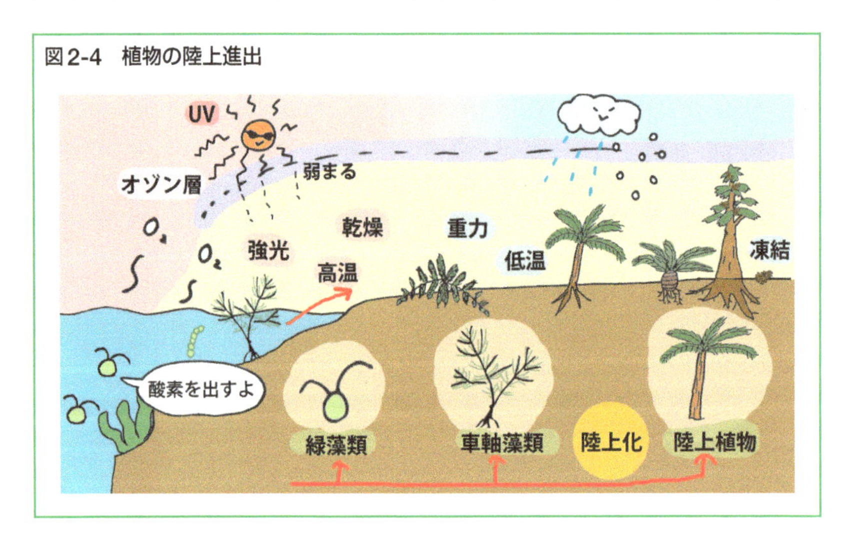

れ、地表に降り注ぐ紫外線が弱まりました。生物が陸上に進出するための安全な条件が整えられたのです。

## column 水分変動への耐性

水域では、生物は常に水に包まれていますが、陸域では水分は大きく変動します。降水が限られれば著しく乾燥することもあります。

乾燥期をやりすごすための乾燥耐性を身につけている生物もいます。

植物の種子は、芽生えた後の植物体にはみられない乾燥耐性をもっています。

動物でも大きな乾燥耐性をもつものがあります。海洋、湖沼、土壌水などにすむ 1 mm に満たない無脊椎動物の**クマムシ**（緩歩動物）のなかには、乾燥すると縮んで長期にわたって乾いたまま休眠（乾眠）し、水分が補給されるとふたたび活動をはじめるものが知られています。アフリカの乾燥地域に生息する**ネムリユスリカ**は、一時的な水たまりで幼虫期をすごし、水たまりが干上がって完全に乾燥しても幼虫は仮死状態で眠り続けます。まれな降雨で水たまりができれば水を吸って生き返ります。このように、乾いても水を吸えば復活する性質、クリプトビオシスには、植物の乾燥耐性にも寄与する多糖類のトレハロースが大きな役割を果たしています。

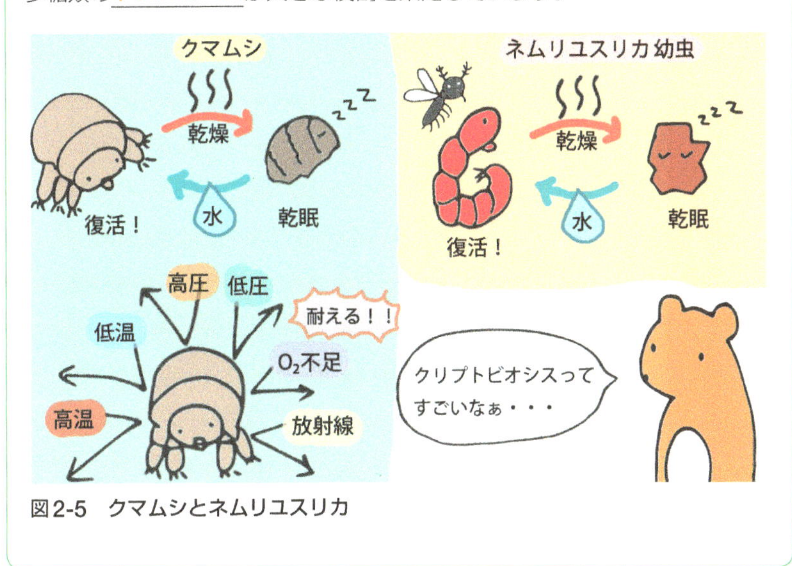


図2-5 クマムシとネムリユスリカ

淡水域を含む水域のおもな一次生産者は植物プランクトンですが、陸上の一次生産者はおもに樹木や草本などの維管束植物（シダ植物と種子植物）です。

水中のように浮力がはたらかない地上では、重力に抗して体をささえる必要があります。仮導管もしくは導管や師管からなる維管束の発達は、根から吸収した水や栄養塩を光合成がおこなわれる葉へ運び、葉で生産された有機物を根などに運ぶだけでなく、物理的に植物体をささえる役割も果たします。

また、水中とは異なり、陸上では、温度や水分が大きく変動します。種子植物は、乾燥や低温の厳しい期間をそれらに対する耐性の大きい種子ですごします。

このように、水中とは大きく異なる環境のもとで植物が生育するには、多くの適応進化が必要でした。

## 2.1.5　淡水環境と湿地

水はあらゆる生命にとってなくてはならない資源です。地球上の水の総量は14億立方キロメートルと推定されていますが、私たちが利用できる淡水として湖沼、河川などに存在する水の量は、わずかその0.01％ほどにすぎません。

淡水が存在する湖沼、河川（氾濫原）などの環境は、湿地ともよばれます。湿地は、古来ヒトが水資源のみならず生物資源を採集する場として重要でした。しかし、近年では、淡水生態系は環境の改変が著しく、その保全は国際的にも重要な課題となっています。なお、湿地（ウエットランド）は、汽水域や浅い海も含む用語として使われることもあります。

淡水環境のうち、湖沼の環境は、海洋と同じように、垂直方向の深さに応じて光や温度などの環境要因が大きく変化するのが特徴です。

## column　水の物理的性質と湖の環境

温度に応じた水の密度の変化には、自然界の他の物質にはみられない独特の特徴があります。自然界の物質の多くが、温度が上がるにつれて、膨張して密度が小さくなるのに対して、水は、4℃（厳密には 3.98℃）で密度が最大になり、それより温度が上がっても下がっても密度は低下します。温度が 0℃以下になり固体の氷になると密度はいっそう小さくなります。この性質によって、ある程度の水深のある湖では、季節に応じて、温度の異なる水が層を成すこと（成層）もあれば、垂直方向に混合されることもあります。上下で温度が大きく異なる層が水温躍層です。浅い湖では風の影響で混合が頻繁におこるため、成層はみられません。

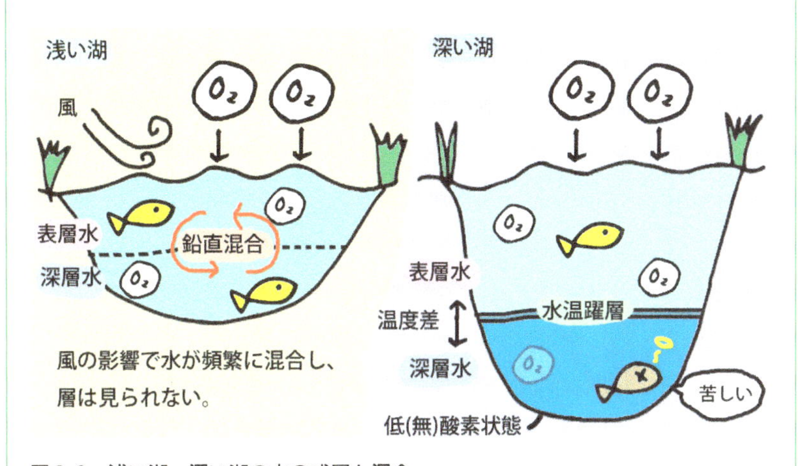


図2-6　浅い湖　深い湖の水の成層と混合

冬になり、湖面が冷やされて氷が張ると、4℃近くに冷やされた湖水は密度が高くなって湖底に沈みます。そのため、凍結した湖面のすぐ下は 0℃でも湖底は 4℃に保たれるので魚や底生動物が活動できます。

春になって氷が溶け、表層の水が温められ 4℃に近づくと密度が高くなって沈みます。この鉛直混合により湖の水は上下に攪拌され、十分に酸素を含んだ水が湖の底にまでいきわたります。

夏になると水面の温度が高くなり、下層ほど温度が低く密度が高くなるので、上下の水の層は成層して安定します。

秋になると気温が下がって水面が冷やされます。冷やされた水面近くの水が底に沈み、対流によって湖の水は上下の混合がおこります。

温帯地域では、春と秋に垂直方向に水が混合することにより、湖の底にも酸素が供給されます。湖の底に蓄積したデトリタス（生物の遺体や排出物に由来する有機物粒子）が分解されるときに酸素が使われます。そのため成層がつづくと上層からの酸素供給がとだえて湖底は低～無酸素の状態になり、生物の活動が妨げられます。

地球温暖化によって、温帯地域の深い湖の水の季節的循環が妨げられると湖底の環境が大きく変化します。琵琶湖の北湖での観測によれば、この30年ほどの間に成層期間とその強さが増しており、湖底の生息環境が変化していることが危惧されています。

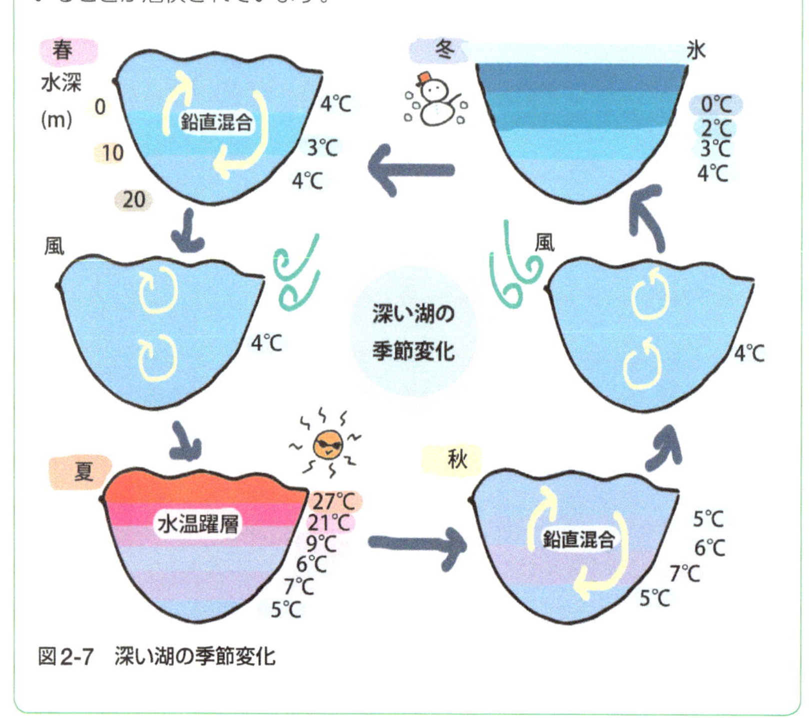


図2-7　深い湖の季節変化

## 2.2 気候とバイオーム

私たちが「天気」とよぶ気象は、特定の場所と時における温度、湿度、降水、風、日照などの組みあわせを意味しています。長期にわたる気象の平均的なパターンが気候です。それは、局所、地域、地球規模の空間的な範囲に応じて、いくつもの要因からなるシステムとしてとらえることができます。

気候、とくに温度と降水量に応じて陸上の生態系の骨格をなすともいえる植生が決まります。植生は、優占する植物が木本植物（樹木）か草本植物か、あるいはその種類によってみた目の姿（相観）が異なるだけでなく、植生における優占種が動植物や微生物の生息・生育環境をつくるので、陸上の生態系の区分に用いられ、その生態系区分をバイオームとよびます。

### 2.2.1 気候システム

地球規模あるいは広域における環境には気候が大きな影響を与えます。気候は、温度、降水量、風などさまざま要因から成り立ち、それらが相互に関係しあって気候システムを構成しています。

地球の気候システムを駆動するのは太陽放射です。地球の大気上層は、平均すると 342 $Wm^{-2}y^{-1}$ の太陽放射エネルギーをうけ取り、そのうちの 1/3 ほどは雲、エアロゾル（大気中の微粒子）、および地表面で反射され、1/5 程度が、オゾン、雲、水蒸気などに吸収されています（**図 2-8**）。その残りの約半分が陸の地表面および海洋の水面にまで到達します。地球からの放射は、長波放射として知られる赤外放射および水の蒸発に伴うエネルギー消失（潜熱フラックス）、対流、伝導による熱放射（顕熱フラックス）です。太陽放射からのエネルギー入射と地球からのエネルギー放射の収支が差し引きゼロであれば地球の温度は変化しません。

地球表面および雲から放射された赤外放射の一部は大気に吸収され地表に赤外放射として戻されます。その再放射をもたらすのは、大気中に含まれる温室効果ガスです。そのうち、生物活動によって生じる二酸化炭素、

図2-8　地球のエネルギー収支：太陽放射からのエネルギー入射と地球からのエネルギー放射（入射太陽放射を100として表示）

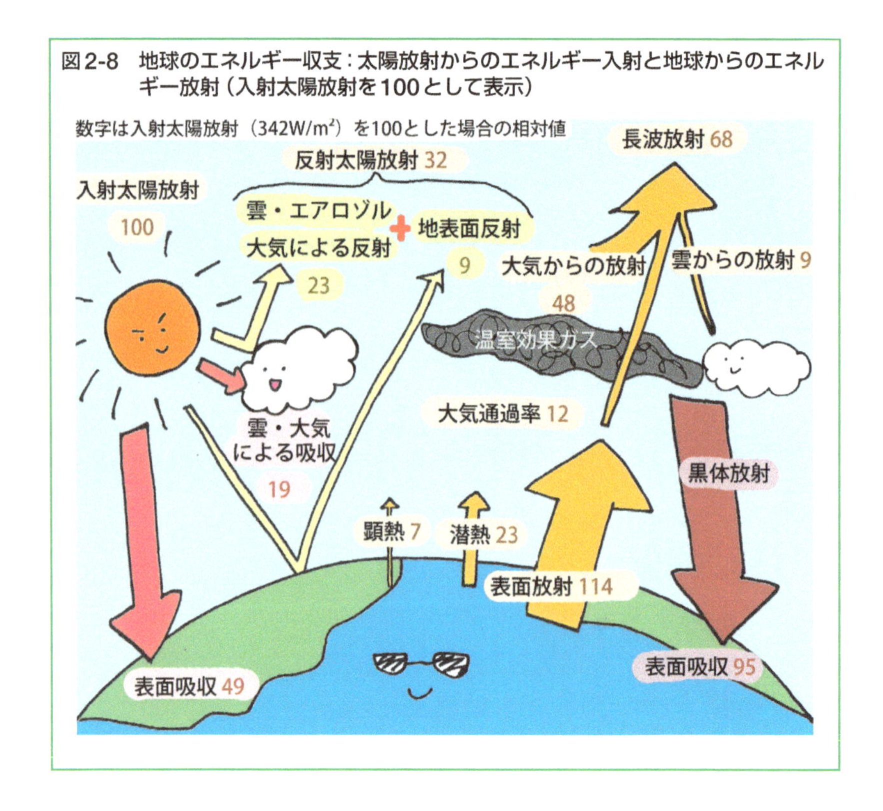


メタン、一酸化二窒素は、生態系と気候システムを結びつけています。

気候によって決まる植生と土壌は、二酸化炭素などの温室効果ガスの吸収・放出を通じて気候に影響を与えます。現在は、人間活動に起因する温室効果ガス増加により地球温暖化が進んでおり、その対策が喫緊の課題になっています（13章）。

## 2.2.2　大気循環と海流

地球の自転軸は、公転平面に対して23.5°偏っています。そのため、南中時に太陽を真上に戴く緯度は、北緯23.5°（夏至）から南緯23.5°（冬至）の範囲で、1年周期で規則的に変化します。このことが、緯度に応じた日照時間と温度の季節変化が生じる原因です。

赤道を挟んで北緯35.5°から南緯35.5°では太陽の短波放射の入射が長波

放射より大きく、それより高い緯度では短波放射の入射が長波放射より小さいというように、緯度に応じて放射収支はアンバランスであり、それに応じた熱エネルギーの移送によって大気と海洋の地球規模での循環が生じます。

大気は、赤道近くで暖められた空気が上昇して高気圧地帯を生じ、南北の極方向に移動して冷やされ、低気圧地帯に流れるというように循環します。地球の西から東への自転によるコリオリ力（移動に伴う慣性力）がそれに影響を与えます。

季節ごとに卓越する風とコリオリ力により、海では海流が生じます。これに海と大陸の比熱の違いが加わり、地球規模で熱が循環して気候システムを駆動し、場所と季節による温度と降水の違いが生じます。

気候は、地球の大気と海洋の物理環境要因（非生物環境要因）のダイナミックなはたらきあいによって形成され、それぞれの場所にどのような生物が生息・生育できるかを決めます。気候の影響を受けて成立する植生は地表面の状態を変えることによってエネルギー放射や水収支を変化させ、気候に影響を与えます（**図 2-9**）。

**図 2-9　物理環境要因と生物の相互作用としての気候**

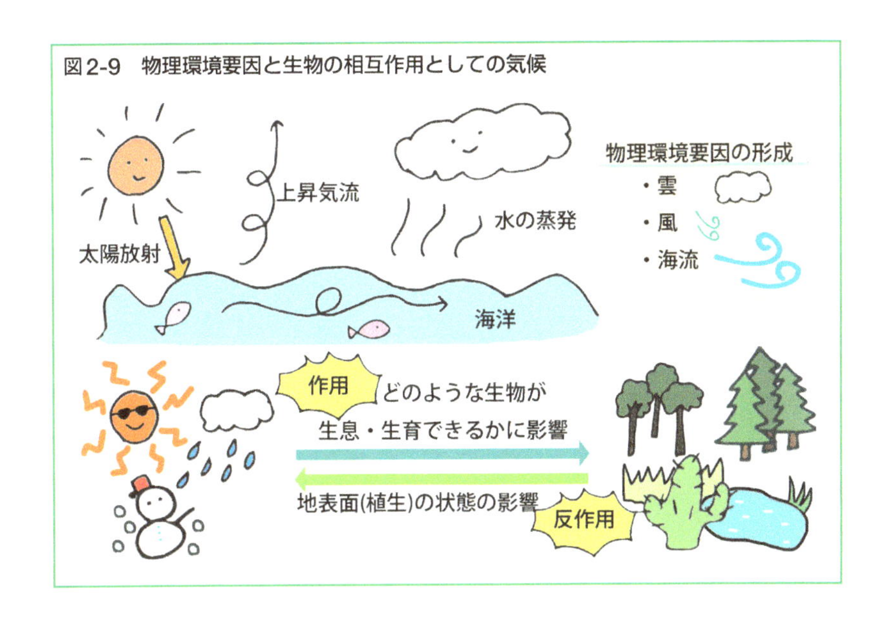

## 2.2.3 バイオーム

バイオーム（生物群系）は、陸域の環境と生物群集の区分です。気温と降水量などの気候因子は、そこで生育できる植物やその生産に大きな影響を与えるため、気候帯の違いは植生の大きな違いをもたらします。そのため、陸域のおもな一次生産者である維管束植物（シダ植物と種子植物、草本と木本を含む）がつくる植生の相観（みた目のありさま）は、気候帯の指標となります。気候とそれに応じて決まる植生は、そこに生息・生育するあらゆる生物にとっての環境としても重要です。

バイオームは、年平均気温と年間降水量に応じてそのタイプが決まり（**図2-10**）、森林あるいは草原としての名称が与えられています。森林は、樹木が成長できる温度と降水量に恵まれた気候帯に発達します。降水量が少ないか気温が高く乾燥しがちであれば、イネ科草本がつくる草原あるいは草原にまばらに低木が生える植生がみられます。低温・乾燥などで植物の

**図2-10 降水量と気温によるバイオーム型の分布**

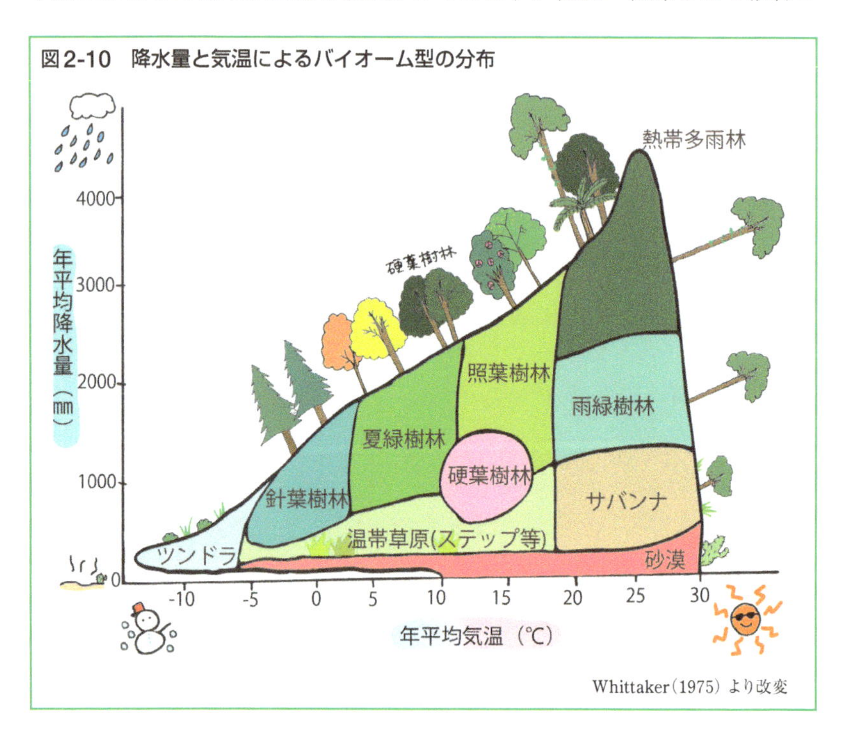


Whittaker(1975) より改変

図2-11 世界のバイオームの分布地図

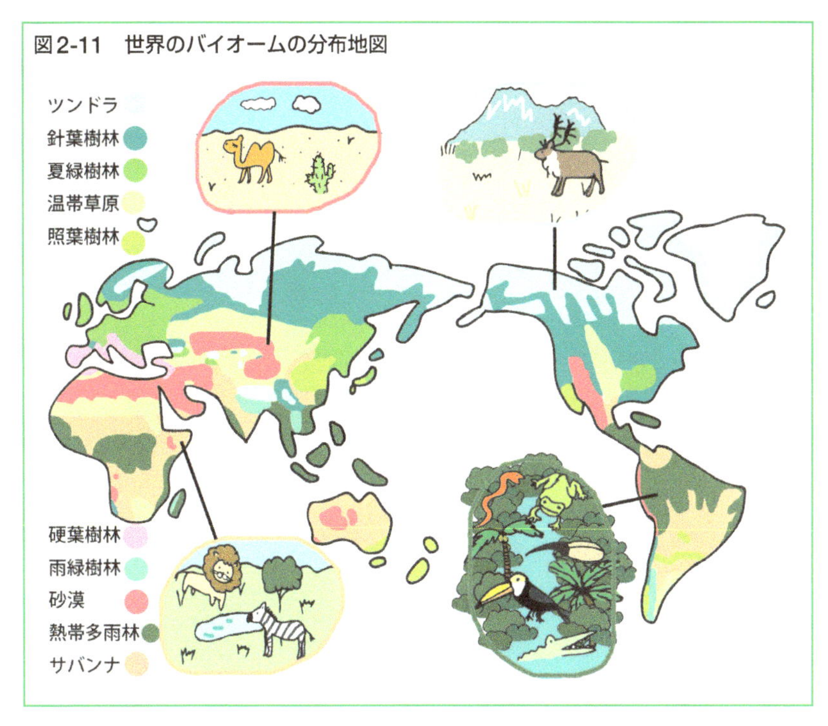


成長が妨げられるバイオームでは、ごくまばらに小型の植物が生育するか、植物がほとんどみられない裸地となります。

**図2-11** にこれらおもなバイオームの地球における分布が示されています。しかし、現在地球の陸地面積の60%はすでに農地として開発されており、多くの土地では、すでに本来のバイオームの植生がみられません。とくに、古代から文明が発達した地中海沿岸のバイオームは、ごくわずかに残されているにすぎません。

## 2.2.4 世界のバイオーム

一年中温暖で降水量が多い（年平均気温20℃以上、年間降水量3,000 mm以上）熱帯付近では熱帯多雨林が発達します。熱帯多雨林は、地球上でもっとも生物多様性の豊かなバイオームです。しかし、近年では農地開発のため広大な面積が伐採され、その喪失が問題となっています。

今も残されている自然性の高い熱帯多雨林では、多様な樹種の常緑広葉樹の大木が枝を張り、それらの葉や樹液などを餌とする夥しい種数の昆虫が生息しています。分類群を問わず多様性が高く、生物の種のあいだには、複雑で多様な生物間相互作用（6・7・8章）が張りめぐらされています。

熱帯・亜熱帯地域で季節によって降水量が不足する地域には、乾季に落葉する雨緑樹林がみられます。さらに降水量が少ない地域では、地中海気候に特有の硬葉樹林や高木が生育せず、まばらに低木が生えるサバンナがみられます。乾燥に適応した草や低木が生育し、それを餌にする大型草食動物の群れとそれを捕食するネコ科の動物が主役ともいえる生物群集（1.1）が発達しています。

温帯の温暖な地域では常緑広葉樹林（照葉樹林）が分布しています。温帯でも緯度や標高が高い冷涼な地域には落葉広葉樹林（夏緑樹林）、さらに冷涼な地域には針葉樹林や針葉樹と落葉広葉樹の混交林がみられます。降水量が少なく樹木の生育が抑制されイネ科の植物が草原をつくると、草食動物が群れをなして生息します。その広大な草原は、地域により、ステップ、プレーリー、パンパスなどの名称でよばれます。その多くは農地になり、世界の穀倉地帯となっています。

平均気温が低い北半球の高緯度地方には、北方針葉樹林（タイガ）がみられます。タイガでは、広大な地域が**カラマツ**などの1～2種のマツ科の

**図2-12　植生破壊による砂漠化のメカニズム**

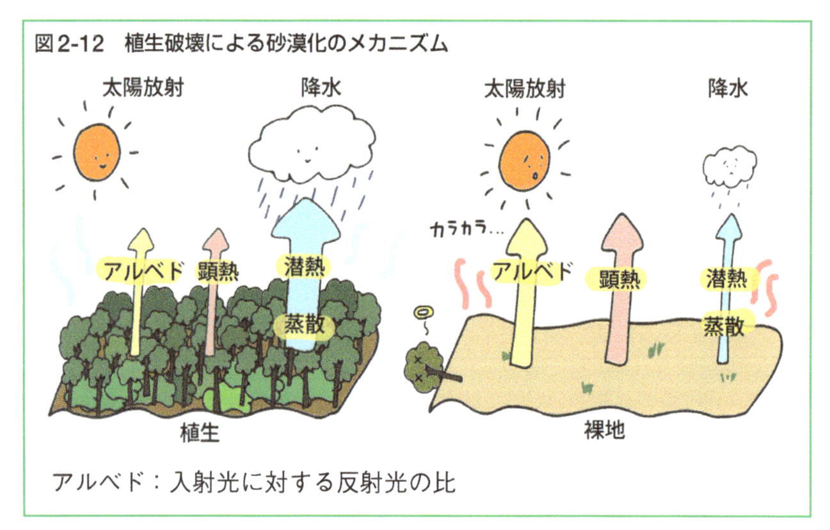


アルベド：入射光に対する反射光の比

樹木の疎林でおおわれています。緯度が高く、あるいは、標高が高くなるにつれて、樹木の密度は低くなり、極地の近くや高山では、永久凍土により植生の発達が制限され、コケ・地衣などに草本が混ざるまばらなツンドラが広がります。

熱帯・亜熱帯、温帯を問わず、降水量が少なく蒸発・蒸散が降水を上回る地域には、植生が発達しない砂漠が広がります。温度と降水量からは森林や草原が成立するポテンシャルをもつ気候帯においても、古代文明にはじまる森林破壊や草原の過剰利用で砂漠になっている場所もあります。アフリカやユーラシアの内陸部に広がる砂漠の多くが、そのようにして形成されたものと考えられています。人間活動によって植生が失われ砂漠化がおこると（**図 2-12**）、地域の気候自体が変化し、いっそう砂漠化を促すような悪循環がもたらされます。

## 2.2.5 日本のバイオーム

南北に長く連なる火山列島である日本列島では、緯度と標高の差により、亜熱帯から亜寒帯までの多様な気候帯のバイオームがみられます。全体として降水量が多く温暖なため、森林のバイオームが大部分を占めています（**図 2-13**）。現在でも、国土の 70%が森林でおおわれる世界有数の森林国ですが、そのおよそ半分は、スギやヒノキなどが植林された人工林であり、それ以外の多くが自然林を伐採した後に成立する二次林です。森林バイオームの本来の姿が保たれている場所は、現在では、ごくわずかしか残されていません。

おもな温帯域の森林バイオームとしては、南から北へ、あるいは低地から高地に向けて、**シイ**や**カシ**などの照葉樹が高木層をつくる照葉樹林（常緑広葉樹林）、**ブナ**や**ミズナラ**が優占する落葉広葉樹林、**シラビソ**、**オオシラビソ**、**トドマツ**などの常緑針葉樹林（混交林を含む）が分布します（**図 2-14**）。針葉樹林は、本州ではおもに標高が 1,800m 以上の亜高山帯にみられます。北海道では、低地にも針葉樹に落葉樹を交えた混交林が広がっています。奄美群島以南の琉球弧には、照葉樹林と相観が類似し、組成にも

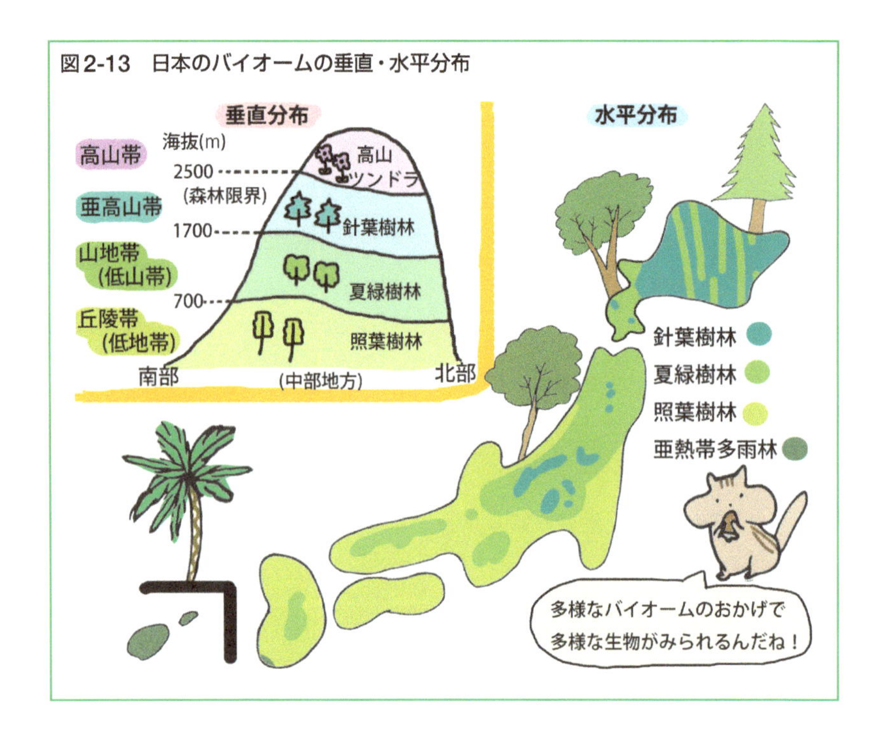


**図2-13　日本のバイオームの垂直・水平分布**

共通点が多い亜熱帯多雨林がみられます。地球規模では亜熱帯には乾燥気候の場所が多いため、亜熱帯多雨林は世界的にみて希少なバイオームであるといえます。

日本列島の脊梁山脈の高山域には、樹木が生育できない高山ツンドラがみられます。森林が発達する気候帯においても、地形的に地下水が停滞するような場所では森林が成立せず、湿原などの湿地となっています。冷涼な気候のもとでは、**ミズゴケ**の遺体が分解されずに泥炭として蓄積する泥炭湿地が発達します（**図2-15**）。ヨーロッパではすでにほとんどが農地として開発されて残存するものが少ない泥炭湿地ですが、日本では、サロベツ湿原や釧路湿原などに自然性の高い泥炭湿地が残されており、その保全が課題となっています。

日本の生物相は、世界有数の豊かさを誇っていますが、それは、狭い国土に多様なバイオームがみられることにもよっています。

**図2-14　日本の代表的なバイオーム（上段から下へ、照葉樹林、落葉広葉樹林、常緑針葉樹林）の森林構造**

図2-15　泥炭湿地とその生成メカニズム

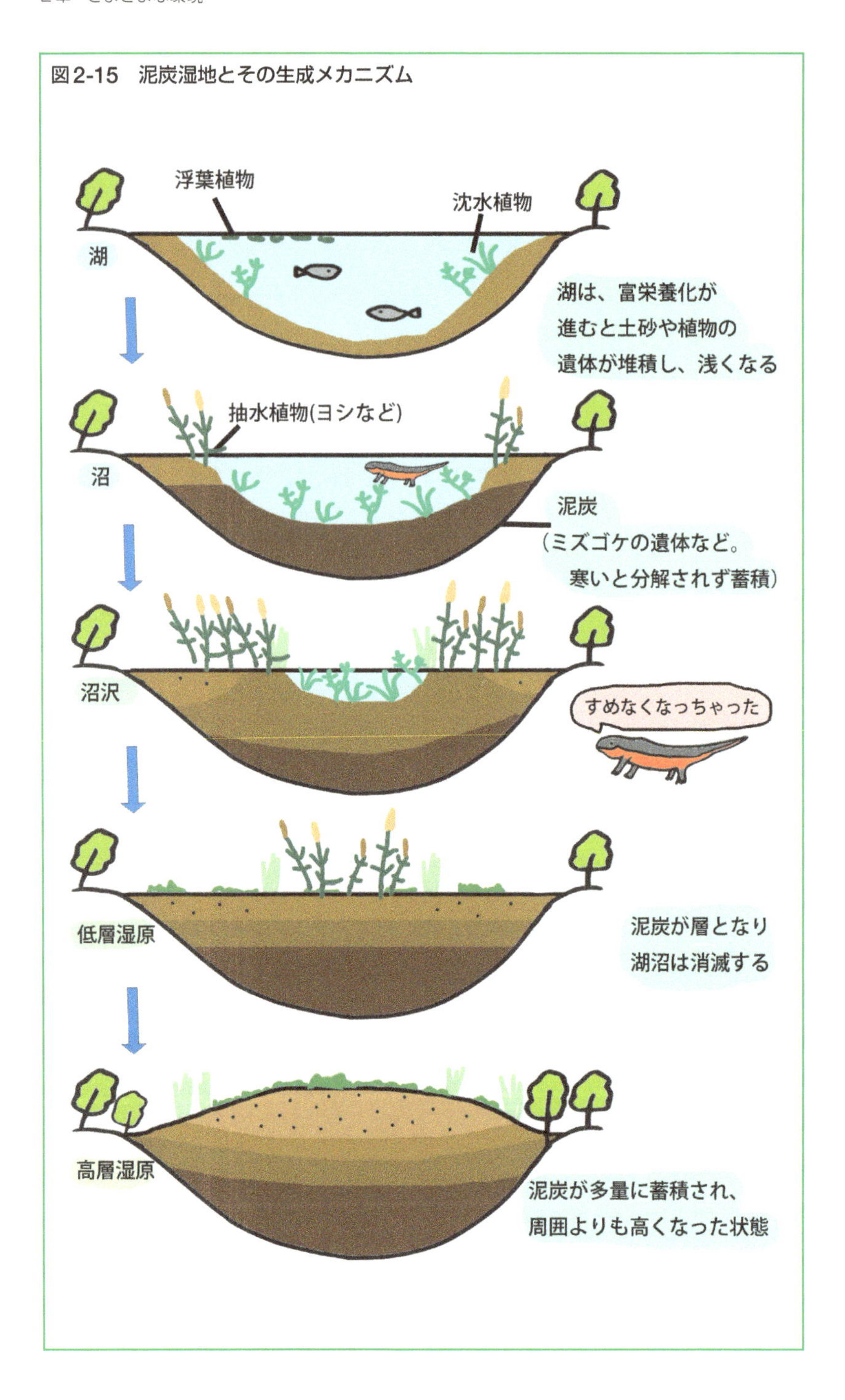

# 3章 生態学：あつかう課題と方法

生物と環境の関係をとらえる生態学では、個体の生理現象から地球環境まで、空間・時間の広がりにおいても複雑さにおいても大きく異なるシステムや現象をあつかいます。研究では、課題や対象とする環境、空間的・時間的スケールに応じて、それぞれにふさわしい多様なアプローチ（研究手法）を用います。ここでは、生態学の特徴的な対象とアプローチを概観してみます。

## 3.1 生物のシステムと生態学の対象

生態学は、生物学の一分野です。

生物学があつかうシステム（要素とそれらのあいだの関係の集合）は、分子レベルから生態系・地球レベルまで、ミクロなシステムからマクロなシステムまで、何段階かの階層に位置づけられます（**図 3-1**）。組織・器官が細胞から成り立つなど、ある階層のシステムは、その直下の階層のシステムを要素としてなりたちます。

生物と環境の関係をおもに研究する生態学では、生物階層のより上層に位置する、個体、個体群、生物群集、生態系を主要な対象とします。

個体レベルあるいは個体の集団としての個体群については、生理的な環境応答や行動など、環境とその変動に対処するための適応（遺伝的な形質である戦略）をおもにあつかいます。

同種の個体の集まりからなる個体群は、生態学があつかうもっとも基本的な集団です。個体群の構造や動態を把握するにあたって個体群の分布範囲

図3-1　生物学的階層

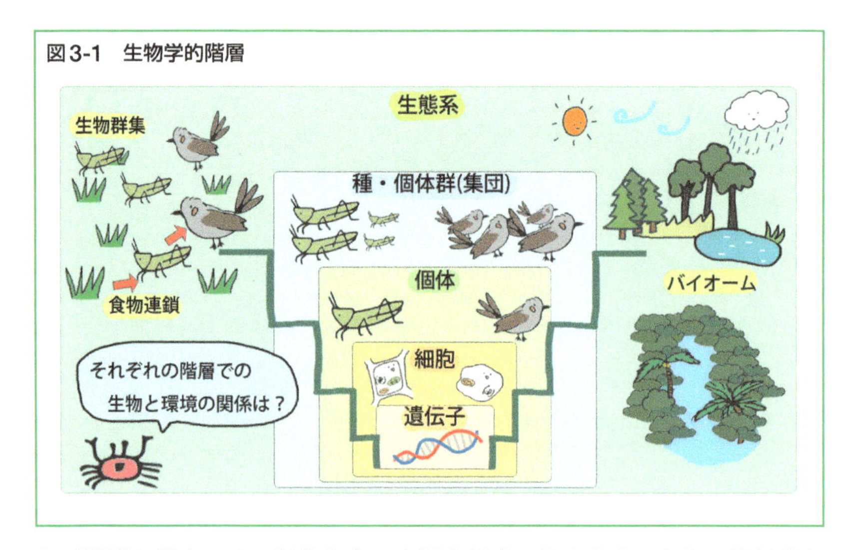


が不明瞭な場合には、対象とする空間を任意に決めます。なお、遺伝的な変化をあつかう集団遺伝学では、慣習として個体群を集団とよんでいます。

生物群集は、特定の空間に含まれるすべての種（認識ができるもの）の個体群の集合を意味します。その組成、構造、動態は、生物種間の関係である生物間相互作用（6・7・8章）の影響によって決まります。生物間相互作用は生物環境の作用でもあり、適応進化の駆動力として、多様な生物の形質を生み出すうえで重要な役割を果たします。

生態系は、特定の空間にくらすあらゆる生物とその環境の要素からなるシステムとして定義されます。システムは、要素と関係の両方の集合を意味します。物質循環やエネルギーの流れなどの生態系の機能もそれら要素と関係によって担われるものです。生態系は多くの要素を含む複雑なシステムであり、単純な人工生態系をのぞき、私たちが実際に認識できるのは生態系の一部の要素とそれらの間の関係にすぎません。

生物群集をつくる生物種とそのあいだの生物間相互作用によって担われる生態系の機能を介して提供される、私たちヒトにとっての恩恵や利益が生態系サービスです。

生態系は、森林や湖沼など、みた目にもまとまりのある実体としても認識されます。広域的に気候帯と関連づけて認識される生態系のタイプを、バイオームといいます（2章）。

## 3.2 2つの問い

生物学の「なぜ」という問いの中には、生物の構造・機能・現象に関してそのしくみに関する問い、すなわち、形態、構造、行動などがどのように成り立つのかという問いと、それらがなぜ進化したのか（どのような適応的な意義があるのか）に関する問いがあります。前者は英語で“how question”、後者は、“why question”とよばれます。生物学の多くの分野が前者をあつかうのに対して、生態学はこれら両方をあつかいます。

たとえば、食虫植物の**ハエトリソウ**（**図3-2**）には、縁に長いトゲ（刺毛）を生やした2枚の葉が2枚貝の貝殻のようにあわさってついており、ハエなどの昆虫が触れると葉は貝殻を閉じるかのように閉じて昆虫を捕らえ、消化して栄養にします。そのしくみは次のとおりです。

1）昆虫などが葉の内側に生えている3〜4本の感覚毛に2回、あるいは2本以上の感覚毛に同時に触れると電気生理学的な信号が生じ、

2）浸透圧の変化がもたらされて、すばやく葉が閉じ、

3）葉の周辺のトゲがまるで檻に閉じ込めるように虫の自由を奪い、

図3-2　ハエトリソウの葉の運動　虫を捕えるしくみ

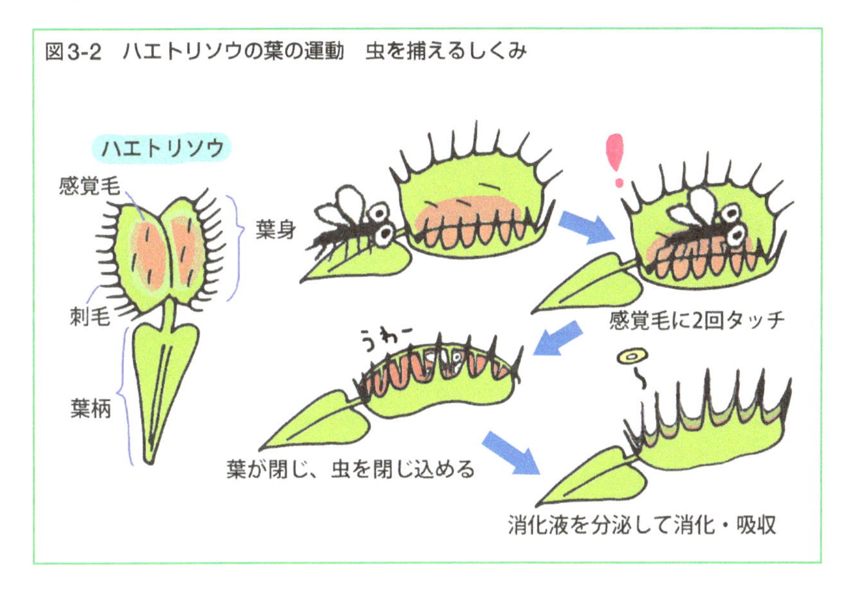

4）消化液を分泌して昆虫を消化して栄養分を吸収します。

このようなしくみの説明はhow questionへ答えることにあたります。それに対して、虫を捕らえるこのような巧妙なしくみをもつ葉を進化させたのはなぜなのかを問うのがwhy questionです。それに答えるには、ハエトリソウが生育する環境に目を向けなければなりません。ハエトリソウが生育するのは貧栄養な湿地です。そこでは、根から吸収する栄養塩（肥料）だけでは十分に成長することができません。虫を捕らえ消化して栄養を摂ることが有利な「戦略」（4.1.2参照）のひとつであるといえるのです。

## 3.3 生態学の研究手法

生物階層の特定の階層のシステムの要素は、それより一段下の階層の要素とそれらのあいだの関係によって成り立っています。そのため、下の階層の要素の性質・挙動から理解できる現象が少なくありません。要素に分けて理解していく手法は、還元的な手法とよばれます。しかし、下の階層に目を向けても理解が難しい、その階層独自の「創発的な現象」（要素の単なる総和としてだけでは説明できない現象）もみられます。それは、システム特有の創発性によるものです。

生命現象には多くの創発性がみられます。そのため、生物学にとっては、還元的手法（要素に分けることで説明する手法）だけでなく、統合的手法（要素の集合としてはとらえきれない現象を概括的にとらえる手法）も重要な研究手法（アプローチ）になります。

### 3.3.1 多様な研究手法と観察

生態学における研究手法は、生物学の他の分野とは比べものにならないほど多様です。生物学の多くの分野で用いられる遺伝子や遺伝子産物の解析なども用いるいっぽうで、他の分野ではほとんど用いられることのない、野外での観察、野外実験、リモートセンシング、空間情報解析などが重要な研究手段となります。

観察は、新しい現象を発見する唯一ともいってよい方法です。ダーウィンなど、生態学の発展に貢献をした研究者の多くは「観察の達人」でした。観察では、ヒトの五感の制約を克服するために道具を用います。最近では、高解像度の衛星画像を用いたリモートセンシングや無人航空機（ドローン）を用いての鳥瞰、動物に発信器を取りつけて位置や行動を追跡するバイオロギングなど、観察技術のめざましい進歩がみられます。

## 3.3.2　生態学の実験とモデル

実験では、仮説において重要な要因などを人為的に操作してシステムの挙動を観察します。野外実験では、多くの環境要因は自然のままに任せ、一部の要因に関して操作・処理を加えます。操作をおこなわない対照との比較によって操作がもたらす効果を把握したり、特定の要因に対して何段階かの処理を設けて、それらのあいだでの効果の比較をおこないます。

検証すべき仮説に応じて、さまざまなデザインで実験がおこなわれます。生態学の野外実験として有名なのは、岩礁の群集からヒトデを取り除く実験によってキーストン種の概念を導き出したペインの実験です（9章）。

モデルは、観察や実験で明らかにされた事実を一般化するために、複雑な現実のシステムから本質的な要素のみを取り出して理想化し、単純な形（数式、言語記述、図など）で表現したものです。生態学では、数式を用いる数理モデルがよく使われます。そのうちのシミュレーションモデルは、現実のシステムを、数式を組みあわせて近似するもので、主として予測に用いられます。

観察・測定データを統計解析してその結果をモデルとする統計モデルもよく用いられます。たとえば、**図 3-3** の散布図において、「生産性」を「利用可能な N」に回帰すると回帰式が得られます。それは、「生産性」への「利用可能な N」の影響を記述するモデルとなります。

## 3.3.3　メタ分析と指標

メタ分析は、特定のテーマに関して、すでに論文などで報告されている多くの研究成果を総合して結論を導く研究方法です。複雑で変動の大きい

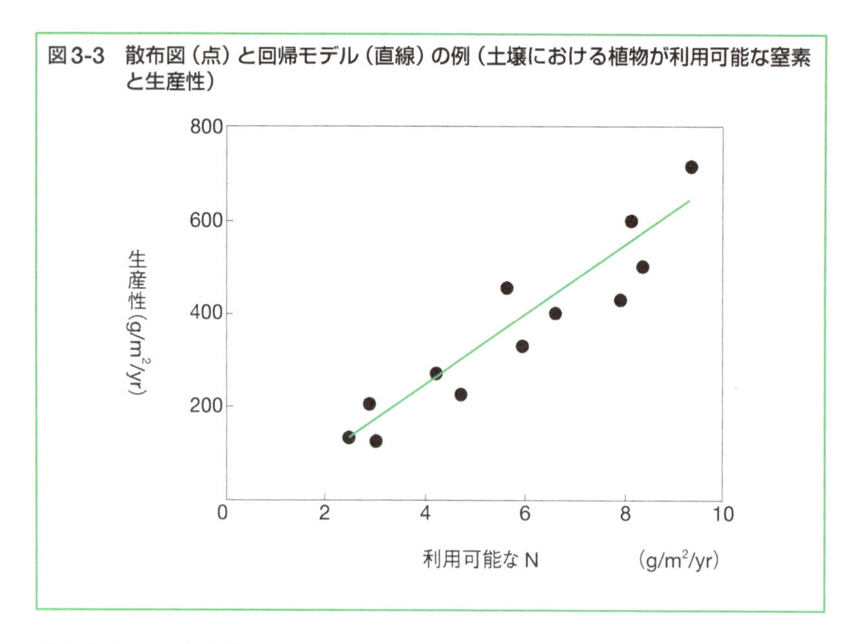


図3-3　散布図（点）と回帰モデル（直線）の例（土壌における植物が利用可能な窒素と生産性）

対象をあつかう生態学では、限られた実験や観察例から一般的な結論を導くことは困難です。そのため、このような統合的手法が重要な役割を果たします。

仮説をたてて検証する科学的手法を生態学が対象とする複雑なシステムに適用するためには、適切な指標を用いることが有効です。たとえば、生物群集からその群集を特徴づける種を指標種として選び、その消長によって生物群集の動態を表すなどです。

# 3.4 動物と植物の生態特性と生活史

## 3.4.1　体制と生態系での役割

生物の中で、体が大きく目立つ真核生物の動物と植物は、古い時代の進化のみちすじで系統を分かち、それぞれ動物界と植物界をつくっています。なお、菌界をつくっている菌類と、原核生物の原生生物界をなすバクテリアは微生物としてまとめてあつかわれることもあります。

動物と植物は、生態的な特徴が異なります。

その基本的な違いの第一は、からだのつくり（体制）の基本に認められます。**サンゴ**などの群体をつくる動物を除くと、多くの動物は、個体を見分けることが容易です。明瞭なボディプランにもとづいて体がつくられ、器官の数と配置が厳密に決まっているからです。それをユニタリー生物といいます。それに対して、植物（維管束植物：種子植物とシダ植物）は、モジュール生物（**図 3-4**）であり葉、花、芽、シュート（茎葉、芽が開くと伸びる枝葉の単位）などの器官（＝モジュール）の数も配置にもある程度の自由度があります。

樹木ではシュートが成長の単位ですが、多年草の中には、生理的に独立した株（ラメット）が成長の単位となるものがあります。ラメットを増やす成長がクローン成長です（**図 3-5**）。クローン成長する植物では、1つの実生から成長した多数のラメットからなる植物体（ジェネット）が時として広大な面積を占めます。ジェネットは、遺伝的・進化的な意味での個体で、ラメットは生理的な独立性からみた個体です（**図 3-6**）。植物の場合、

**図3-4　モジュール生物**

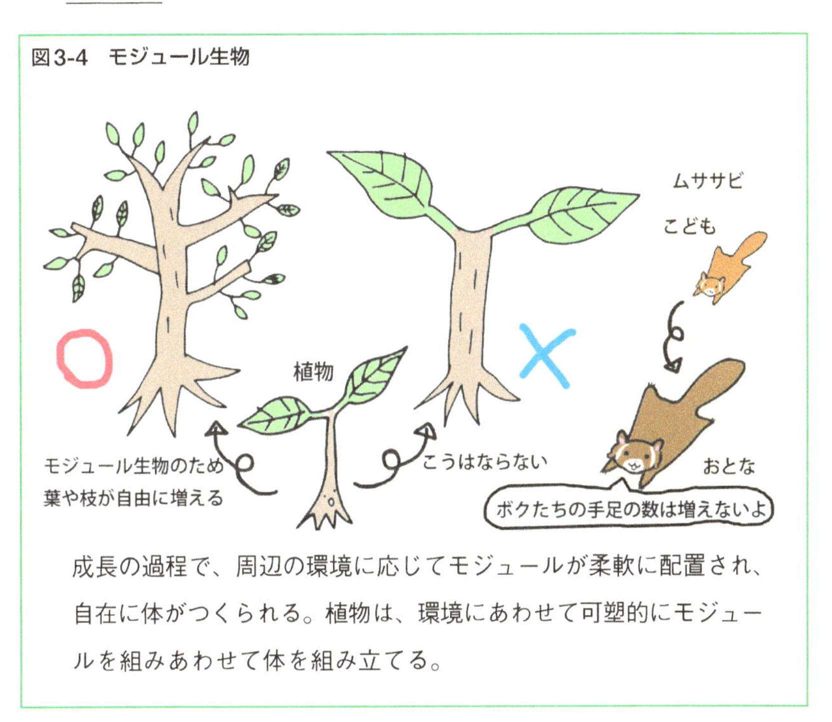


成長の過程で、周辺の環境に応じてモジュールが柔軟に配置され、自在に体がつくられる。植物は、環境にあわせて可塑的にモジュールを組みあわせて体を組み立てる。

図3-5　クローン成長

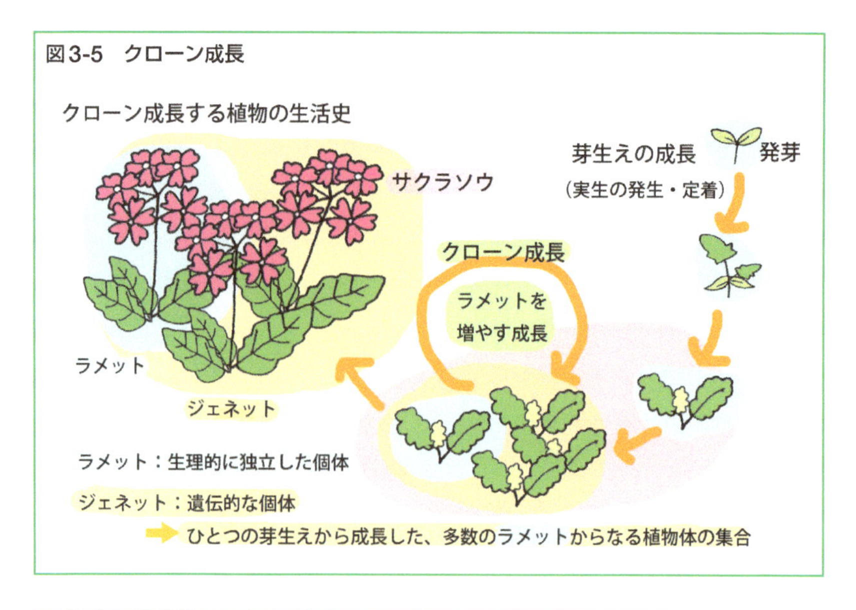


図3-6　ラメットv.s.ジェネット

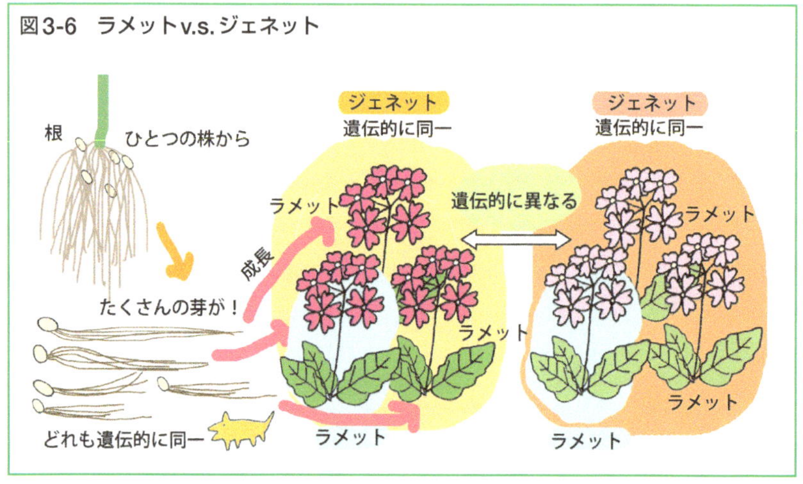


個体（株）という言葉を使う際には、どちらを意味しているのかを明確にしておかなければなりません。

動物の多くは、文字どおり動く生物で移動能力があります。植物は、芽生えれば根を下ろし移動できません。そのような性質を固着性といいます。動物のなかにも、**イソギンチャク**などのような固着性のものがみられます。

動物と植物の生態系における役割も大きく異なります。大部分の植物は、二酸化炭素、水、ミネラルなどから有機物をつくりだす独立栄養生物であり、生態系における一次生産者です。それに対して動物は植物を食べるか、動物を食べるかいずれかの方法で栄養をとる従属栄養生物で消費者です。

## 3.4.2 生活史と適応度

あらゆる生物の一生は、それぞれの種に特有な生活史で特徴づけられます。寿命の長い生物の生活史は、ヒトにおける乳児期、幼児期、老年期などのように、特徴あるいくつかのステージ（生活史段階）に区切ることができます。生活史段階とその特徴は、種の生態のもっとも基礎的な情報です。

生物の個体は、天寿をまっとうするものがいるいっぽうで、幼くして死亡するものもいます。長生きしても子どもを残さない個体がいるいっぽうで、多くの子どもを残す個体がいます。その結果、次世代にどれだけ子孫、もしくは自らの遺伝子コピーを残すかは個体ごとに大きな違いがあります。その違いを表す量的な指標が適応度です。それは、次章であつかう自然選択による適応進化を理解するうえでもっとも重要な指数です。

適応度は、個体が残す子どもの数で次世代への貢献度を表すものです。個体の適応度は、生活史の各段階の生存可能性（生存 1、死亡 0）と繁殖期に生み出した子どもの数との積（適応度成分の積）となります。植物であれば繁殖期の花や果実の数、結実率などが重要な適応度成分です（**図 1-4** 参照）。

生活史の各段階における生死も繁殖の成功も環境の影響を受け、その影響は個体のもっているさまざまな特徴である形質に応じて異なります。自然選択は、個体の形質と適応度成分との関係を意味します（4 章）。

個体群動態（5 章）は、ある期間内に生まれる子どもの数や年齢ごとの死亡率などで記述しますが、生死や繁殖成功は個体の適応度を通じて、自然選択に寄与します。また、個体群の存続や絶滅リスクにも大きな影響を与えます（5 章）。適応度は、個体群動態と適応進化をつなぐ変数でもあるのです。

# 4章 進化

生物にみられる多様性は、形態、色彩、体制、それぞれの部分の構造と機能、心理、行動、生理、分子構成など、さまざまな形質に認められます。多くの形質は、遺伝的なものであり、個体ごとに遺伝子と環境の相互作用のもとに表現されたもので、環境に対する生物の戦略を形づくっています。戦略はミクロ進化ともよばれる「自然選択による進化」によって獲得されるものです。それに対して、種が別の種に分かれる種分化や生命史におけるより高次の分類群の出現などのマクロ進化には、隔離や地史的な出来事など、よりスケールの大きい地球科学的な現象も重要な役割を果たします。

## 4.1 自然選択による適応進化

それぞれの形質をもつ生物とその環境をつぶさに観察すると、形質が環境に見事に適合したものであることがわかります。そのような形質の環境への適合性を認識することは、「タンポポのタネ（痩果）のプロペラ状の冠毛は、タネを風にのせて旅をさせることに役立つ」というように why question に答えることでもあります。

多様な生物それぞれが環境によく合う形質をもっていることは、ダーウィンがその著書「種の起源」で提示した「自然選択による適応進化」で説明できます。自然選択は世代内でおこる現象であり、それにもとづく進化は、自然選択が何世代もの間繰り返して作用することによる集団の遺伝的な変化です。

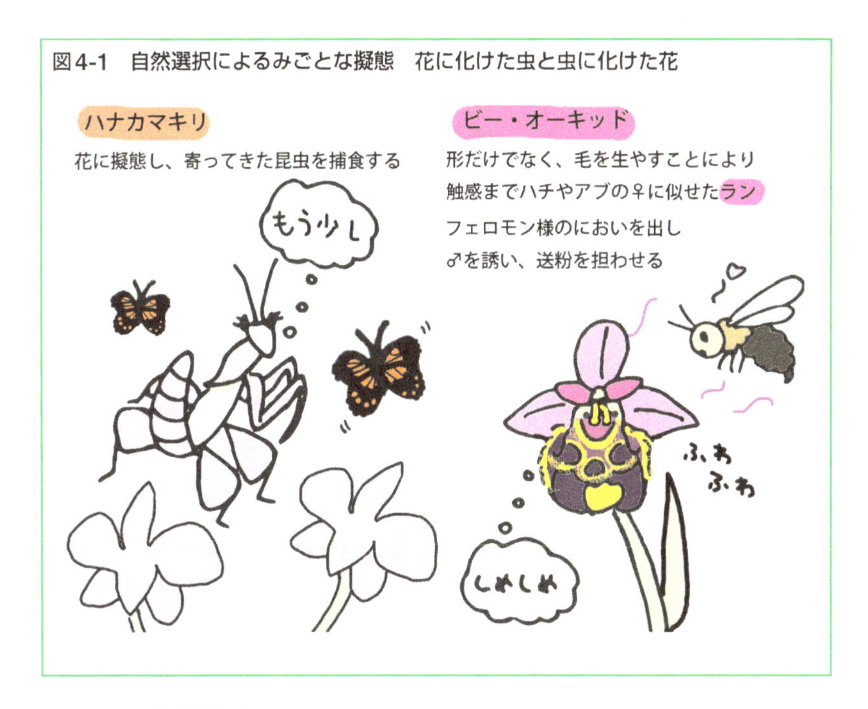


**図4-1　自然選択によるみごとな擬態　花に化けた虫と虫に化けた花**

## 4.1.1　自然選択

自然選択は次の①～③の条件がそろったときに1世代のうちにおこる生態現象です。

①着目する表現形質に個体群（集団）のなかで変異（個体差）がみられる

②適応度（生死や子の数を通じて個体が次の世代に残す子の数）に個体差がある

③表現形質と適応度のあいだになんらかの特別の関係が存在する。

その関係は、「相関」のように統計的な関係でもよいし、近似式などの数式で表される関係でもよいのです。果実食の鳥類の嘴（くちばし）の口径のように、限界値で表せる関係かもしれません。嘴の口径は、食べることのできる果実の大きさを制限します。環境中に多く存在する果実の大きさが限界値を決め、それより口径が小さいと栄養不足で適応度が下がるからです（**図 4-2**）。

そのような表現形質と適応度の関係を生じさせる環境の作用が選択圧で

図4-2 自然選択 鳥の嘴（くちばし）の太さ
嘴の幅は、鳥が丸のみできる果実の大きさを制限する。
小さい口角幅の鳥は小さい果実しか食べられず、
大きい果実の多い環境では適応度が下がる➡口角幅の自然選択

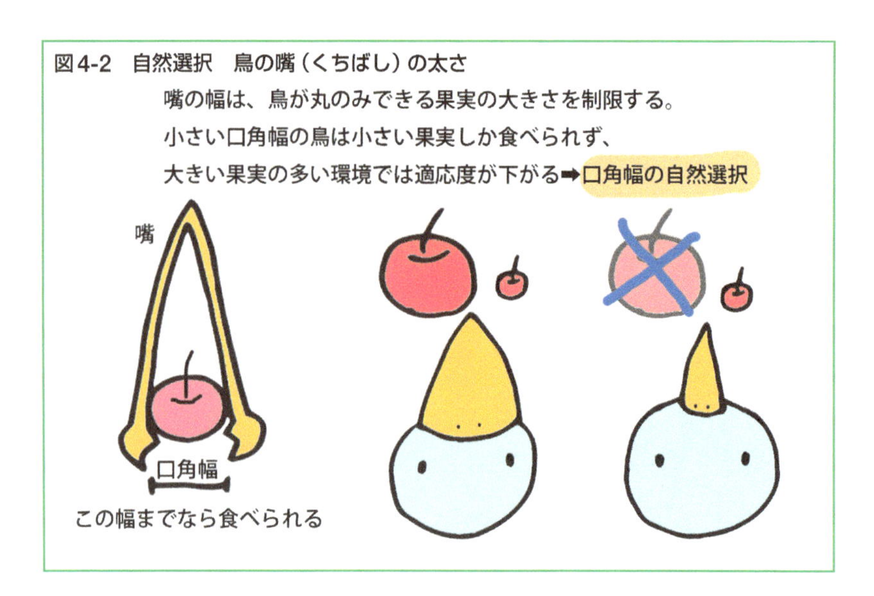


す。この例では、その鳥の餌になりうる果実の大きさの生息環境における頻度分布がそれにあたります。その分布が変われば表現形質と適応度の関係が変わります。

①～③の３条件の結果が自然選択です。

すなわち、次世代に残す子の数が表現形質に応じて異なり、その環境のもとで有利な表現形質をもつものは、そうでないものに比べて多くの子を残すことができること、それが自然選択です。

## 4.1.2 自然選択による個体群の遺伝的変化

自然選択をうける表現形質の変異が遺伝的なものであれば、自然選択の結果としてその形質を支配する遺伝子の頻度が変化します。そのような遺伝子頻度の変化が何世代か続くと、集団（＝個体群）のなかで初期にはごく低い頻度で存在するにすぎなかった突然変異遺伝子が増えて野生型遺伝子と置き換わることもあります。このような遺伝子頻度の変化をミクロ進化とよびます。

なお、地質時代の長いタイムスケールにわたっておこる生物の種群の交代などのマクロ進化は、タイムスケールの異なる別の現象です。

図 4-3　ダーウィンに着想を与えたガラパゴスフィンチ：自然選択による進化の例

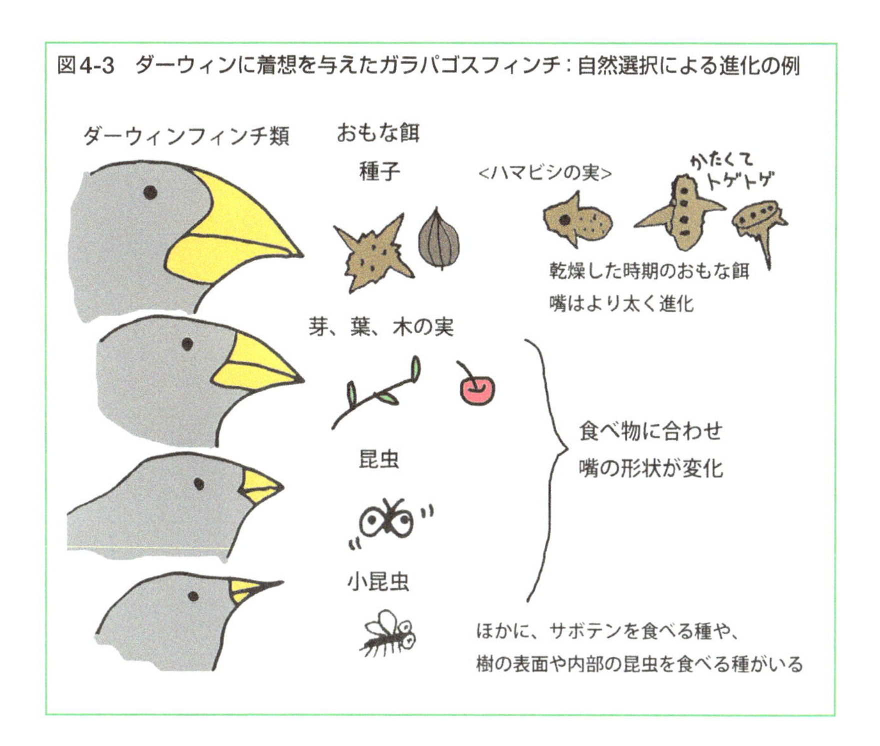


環境と生物の関係は、適応進化によって主体の生物に好都合なものに変化します（**図 4-3**）。適応進化する形質は、環境と折り合いをつけ確実に子孫を残すための戦略としてみることができます。

生物が示す形質には、1 対もしくは少数の対立遺伝子に支配される質的形質と、多数の対立遺伝子がかかわる量的形質があります。**図 4-4** には、自然選択の前後における形質値の頻度分布の変化例が示されています。

自然選択も、それにもとづく進化も私たちのまわりで絶えずおこっています。注意深く観察すれば、それに気づくことができるでしょう。それを測定する科学研究もおこなわれています。

## 4.1.3　性選択

多くの動物、とくに雄が、生存や餌資源の獲得などにとってむしろ不利と思われる形質をもっていることがあります。それは、クジャクの雄の華やかな羽や多くの小鳥の繁殖期の複雑なさえずりなどの装飾的な形質やシ

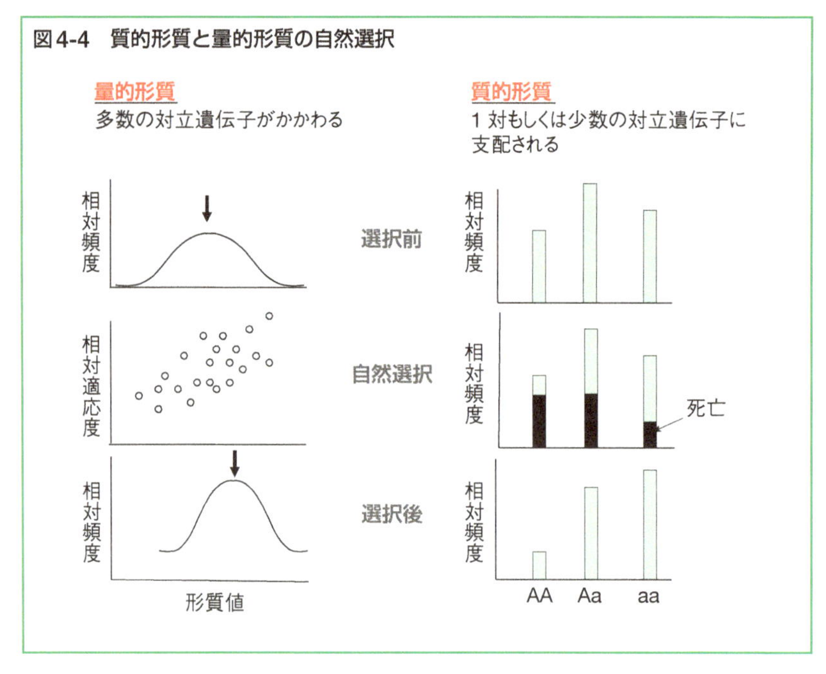


カの大きな角やイノシシの牙などの武器ともいえる構造がそれにあたります（**図4-5**）。前者は、雌に対する魅力を高め、配偶相手として選択されること、後者は、雌をめぐる雄同士の直接の闘争に勝って多くの雌と配偶することを通じて繁殖の成功度を高め、全体としての適応度に寄与していると考えられます。これらを性選択による進化として説明したのはダーウィンです。

装飾的形質は、視覚、聴覚などを介した雌の好みで選択されますが、その好みが雌の適応度、すなわち次世代以降の世代に残す子孫の数におよぼす影響を把握することも必要です。雌にとっては、息子の繁殖成功を通じて後の世代により多くの子孫を残すことができれば自然選択としても有利であるといえます。また、立派な武器や闘争における強さと同様、色彩豊かな派手な羽や大きく複雑な鳴き声など雌の好む形質は、雄の活力の指標であり、雌がその形質を引き継いだ質（生存力や繁殖力）の高い子を産むことによって、適応度に寄与すると解釈することもできます。たとえば、クジャクの雄の羽の華やかさの決め手となる目玉模様の大きさ（面積）は、

**図4-5　性選択によって進化する形質**

## column　花の形の自然選択の測定

　自然選択は世代内の事象であり、野外での測定が比較的容易です。表現形質と適応度の関係は、その表現形質と関連の深い生活史段階の適応度成分との関係として把握できます。適応度は、生活史各段階の適応度成分の積で表されるからです。たとえば、花の形質については、受粉や結実などといった適応度成分との関係を分析することが自然選択の測定です。

　花の形・構造の適応進化に大きな影響を与えたのは花粉を運んで受粉を助けるポリネータとの生物間相互作用であると考えられています（6章）。野生個体群では、花の形質に変異が認められるとともに適応度に個体差が認められます。花は有性生殖のための器官であり、実を結びタネを生産することがその役割です。

　花の形に関する形質と適応度の要素としての結実率との関係を分析することで、その形質に関する自然選択を測定できます。ここでは、サクラソウの花での雌しべの高さの自然選択の測定例を紹介します。

　雌しべの柱頭や雄しべの葯の位置は、ポリネータが運んできた花粉を受け取り、ポリネータの体に花粉を付着させる効率に影響します。めしべの高さ

（柱頭の位置）は、花の奥にあるほど（低い位置にあるほど）花粉を受け取りにくいと考えられます。

異型花柱性の**サクラソウ**には、長花柱花と短花柱花の２つの花型（モルフ、個体ごとに遺伝的に花型が決まっている）がみられ、その間で花粉がやりとり（送粉）されるとタネがよく実ります。サクラソウは**トラマルハナバチ**の女王バチの舌のもとのほうと先のほうにそれぞれの花型の花粉がつき分けることで、効率よく送粉がなされます。

雌しべが高く柱頭が花筒の入り口近くにある長花柱花は概して花粉を受け取りやすく、柱頭の高さが多少変化しても受粉には影響はないでしょう。それに対して、花筒の奥に柱頭がある短花柱花では、柱頭が高いほど受粉しやすいことが推測されます。実際に多数の花でめしべの高さと結実を測定し統計的に分析する（＝自然選択の測定）と、長花柱花では柱頭の高さと結実の間には統計的に有意な関係が認められないのに対して、短花柱花では、柱頭が高い位置にあるほど結実率が高い関係が認められました。雌雄の生殖器官の位置の変異には、ポリネータの訪花頻度など、ほかのさまざまな要因にも影響されつつも、自然選択がはたらいていることがわかります。

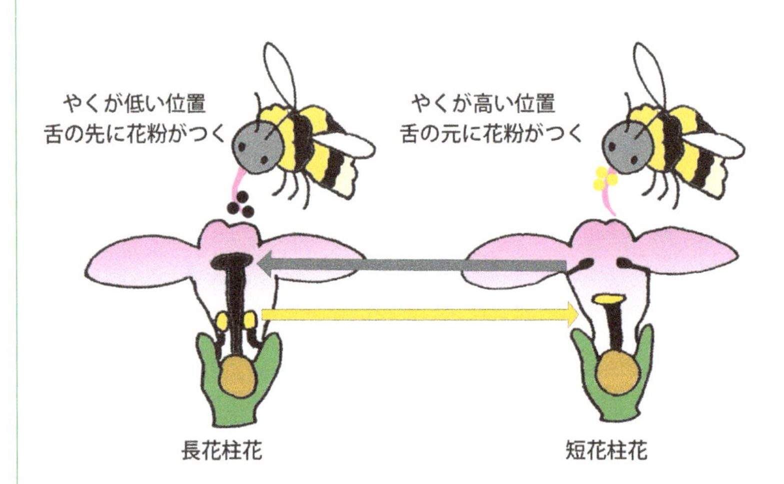


**図4-6 サクラソウの花型 マルハナバチの舌への花粉のつき分け**

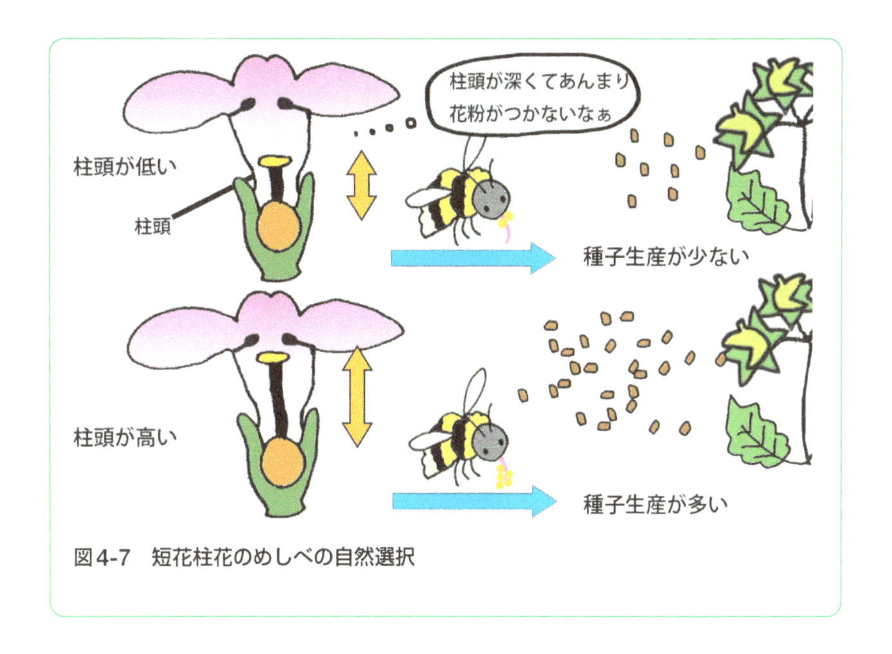


図 4-7　短花柱花のめしべの自然選択

雄の体重や父親となってもうけた子の生存率とも相関していることが示されています。

## 4.2　自然選択による進化の実例

比較的短期間におこった「自然選択による進化」の代表例は、工業暗化と薬剤抵抗性の進化です。

工業暗化の顕著な例としては、19 世紀中頃から 20 世紀にかけてイギリスの工業都市マンチェスターで観察された**オオシモフリエダシャク**（ガの 1 種）の翅色の暗色化をあげることができます（**図 4-8**）。産業革命後に重工業が盛んになった工業地帯では、工場からの煤煙で樹木が煤けて黒くなりました。1848 年に黒っぽい翅をもつ暗色型（突然変異型）がみつかり、やがてその数は淡色の野生型（明色型）を大きく凌ぐようになりました。20 世紀のはじめ頃には、オオシモフリエダシャクの 98％が暗色型で占められるまでになっていました。このような工業暗化は、次のような自然選択による進化によるものであることがわかっています。

淡色の野生型個体は煤けて黒くなった樹皮にとまると目立ちます。暗色型に比べて鳥にみつかって捕食される可能性が高く、翅の色の違いによる死亡率の違いが暗色化の適応進化をもたらすと考えられます。樹皮が煤けていない田園地域では、野生型の比率が高いままであったことも、この解釈が妥当であることを裏付けました。

その後、煤煙対策が進んで樹皮の色がまた白っぽくなった20世紀の終わり頃には、工業地帯でも暗色型が減少し明色型が優勢になっていました。その事実も暗色化が適応進化であったことを裏付けます。

現在、医療上、環境上の困難な問題をもたらしているのは病害生物や害虫などの薬剤（化学物質）に対する抵抗性の進化です。

20世紀の半ば頃から、医療では抗生物質が、農業では除草剤や殺虫剤が盛んに使われるようになりました。生物を殺す作用がおよぼす強い選択圧のもとで、それら薬剤に抵抗性をもつ細菌、雑草、害虫などが進化しました。

個体数が多く世代時間が短いこれらの生物は、集団内に多くの変異がみられます。強い選択圧がかかれば適応進化が急速に進行するのは当然といえます。薬剤が使われるようになってから半世紀あまりで、何種類もの化学物質に抵抗性をもつ多剤抵抗性細菌が進化したり、抵抗性をもつ雑草が

**図4-8　オオシモフリエダシャクの暗色型と明色型**

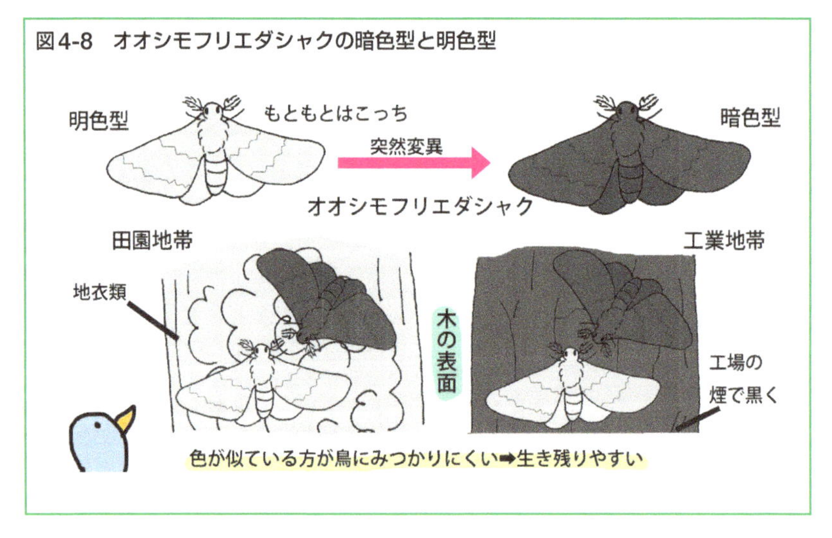

蔓延するなど、問題は深刻化の一途をたどっています。「敵」が急速な適応進化で応じてくる「化学戦」においては、ヒトに勝ち目はありません。化学的な手法の濫用は控えなければなりません。

## 4.3 順化

環境は生物の一生に比べるとずっと短い時間で変動します。その変動には一日ごとの光の変化や温度の季節変化のように規則的な変化もあれば、予測の難しい変化もあります。

動物は、移動によって環境変化に対処します。炎天下の暑さを避けるために樹木の陰に移動するなどです。移動できない植物にとっては、そのときどきの環境に応じて形態や生理的性質を変化させる順化が環境変動に対する戦略として重要です。

### 4.3.1 表現形質の可塑性と反応基準

順化は、環境に応じて、個体の形態、生理的特性、行動などを変化させることで、植物だけでなく動物にも広く認められます。遺伝的な変化を伴うことなく表現形質を環境に応じて変化させる順化を可能とする性質が表

図4-9 遺伝子型の反応基準の例

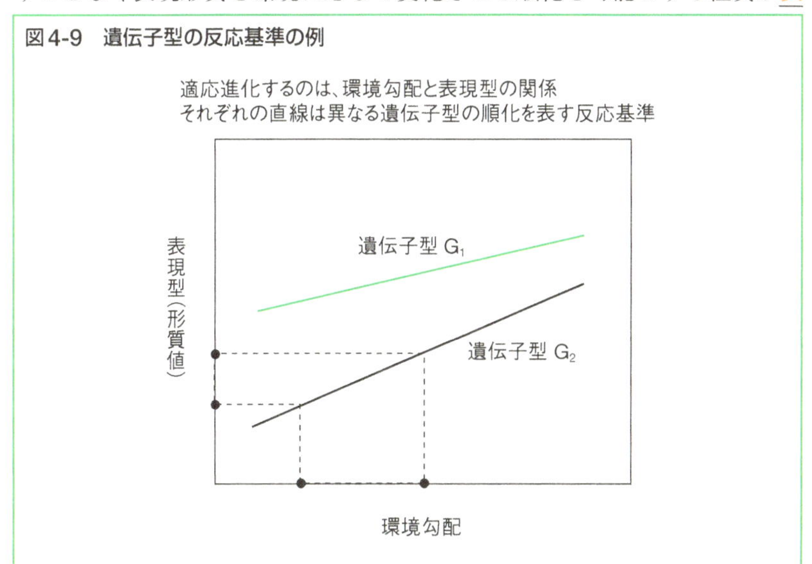

現形質の可塑性です。それは同一の遺伝子型が環境にあわせて表現型を変化させることをさし、**図 4-9** のように、環境勾配への応答として表すこともできます。この図は反応しうる範囲と反応しやすさ（直線の傾き）が遺伝子型によりどのように異なるかを表しています。このような表現型発現の様式である反応基準が環境変動に対して適応進化しているのです。

## 4.3.2　可塑的形態形成

固着性を重要な特性とする植物は、光、水、栄養塩などの空間的な分布に応じて、モジュール（3.4.1）の数や配置を変化させ、その場で不足しがちな資源を獲得するのに適した形態をつくります。そのような可塑的形態形成は、植物特有の環境変動への対処法です。

モジュールの数だけでなく、個々のモジュールの形にも可塑性が認められます。たとえば、葉の厚さ、茎の長さと太さなどは、光環境に応じて変化します。光をめぐる競争が激しい場面では、少しでも高い位置に葉を開くことが有利です。そのため、密度に応じて、細く長い茎をつくり、「背伸びする」戦略は、陽地性の植物（明るい環境を好む植物）に広く認められます（**図 4-10**）。そのような植物は、近い将来に光をめぐる競争が激しくなるかどうかをあらかじめ検知し、草丈を伸ばします。そのしくみ（近接要因）には、茎にあたる光の赤色光 660nm/ 近赤外光 730nm 比（R/FR）を指標として、周囲の植物密度を検知するフィトクロームという色素が関与しています。

植生に遮られることなく地表に届く太陽光の波長スペクトルの R/FR 比はおよそ 1 です。クロロフィルなど葉の色素は R を高い比率で吸収するため、葉を透過したり反射した光の R/FR は、葉量に応じて低下します。

R/FR 比に応じて植物の組織内の植物色素フィトクロームの 2 つの分子型の平衡比が決まります（**図 4-11**）。近赤外光吸収型分子 $P_{fr}$ がフィトクローム全体に占める比率がシグナルとなり、その場所の植物の混みあいに応じた可塑的形態形成が促されます。R/FR 比で表される光質は、このような形態形成のみならず、種子の休眠解除・誘導などのシグナルとしても重要な役割を果たしています。

光は、光合成に不可欠な資源ですが、強すぎると細胞内の光合成装置に障害がもたらされます。そのため、「ほどよい強さの光」を受けるように受光調整するための戦略が適応進化しています。その戦略は、植物周囲の光の分布にあわせてシュート（枝）が配置されるなど、形態形成による長期的なものから、個々の葉の傾きの調整など、比較的短期的なものなどさま

図4-10　植物の密度に応じた形態

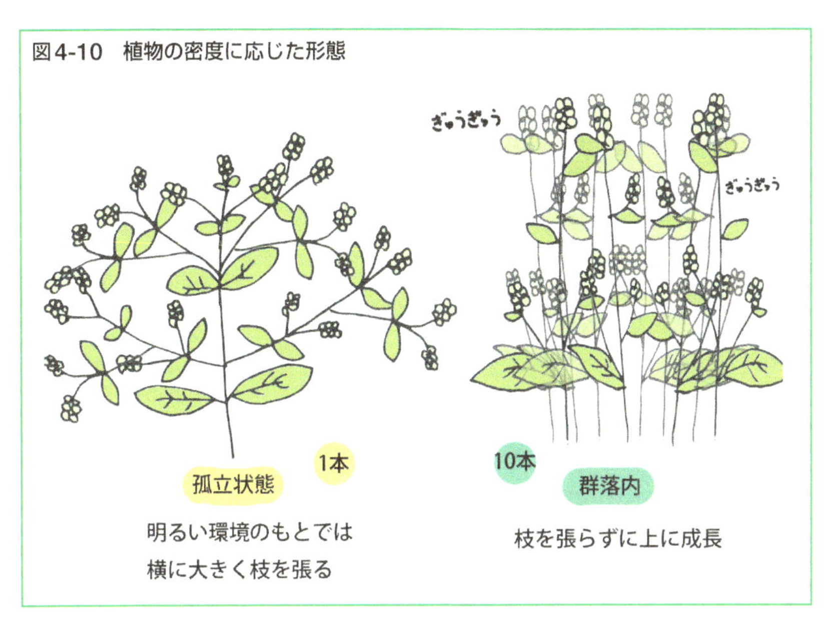


図4-11　フィトクロームの分子型と遺伝子発現の調節

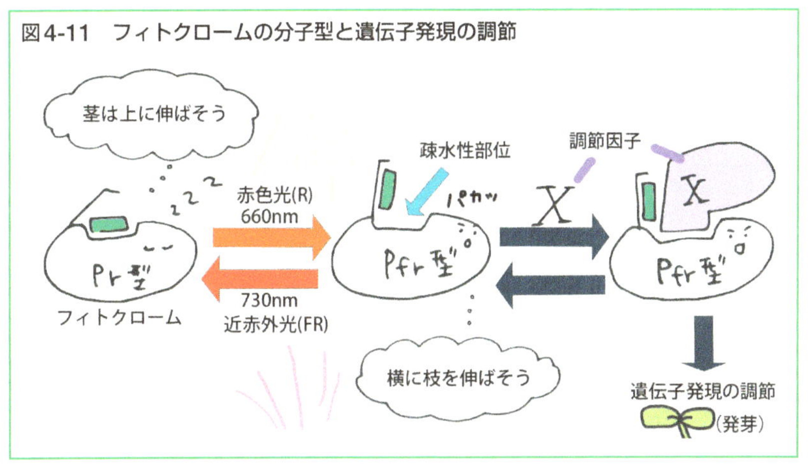

ざまなものが認められます。

## 4.4 生活史戦略とトレードオフ

自然選択によって進化する生物の戦略は、そのときどきの環境の多様性にもまして多様です。そこには、種や個体群の世代を超えた環境とのかかわりの歴史が反映されています。また、どのような生物も万能ではなく、機能や構造に関する制約のもとに進化がおこります。トレードオフはそのような制約の1つのタイプです。

### 4.4.1 生活史戦略

生物の一生の生活にかかわる戦略、生活史戦略には、個体の体の基本的なつくり（体制）、寿命、成長段階の各期の長さとバランス、環境変動への対処、行動、順化、可塑的形態形成など、さまざまな適応形質がみられます。

植物の寿命については、芽生えてから枯死するまでの寿命が長い樹木などがみられるいっぽうで、芽生えてから1シーズンのうちに繁殖を終えて死ぬ一年草のなかに種子が百年以上の長い寿命をもつものもある（**図4-12**）など、戦略の大きな違いがみられます。

**図4-12　タネと発芽後の寿命**

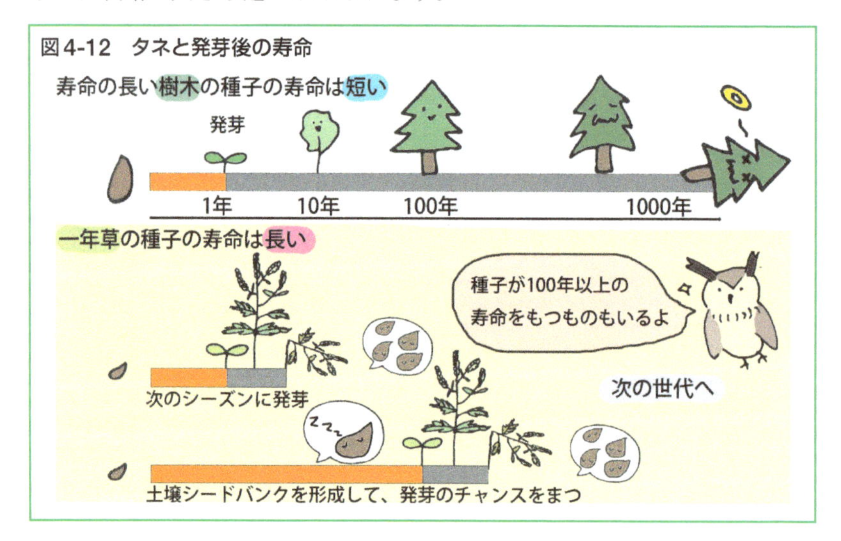

図4-13 葉の寿命の長い植物、短い植物

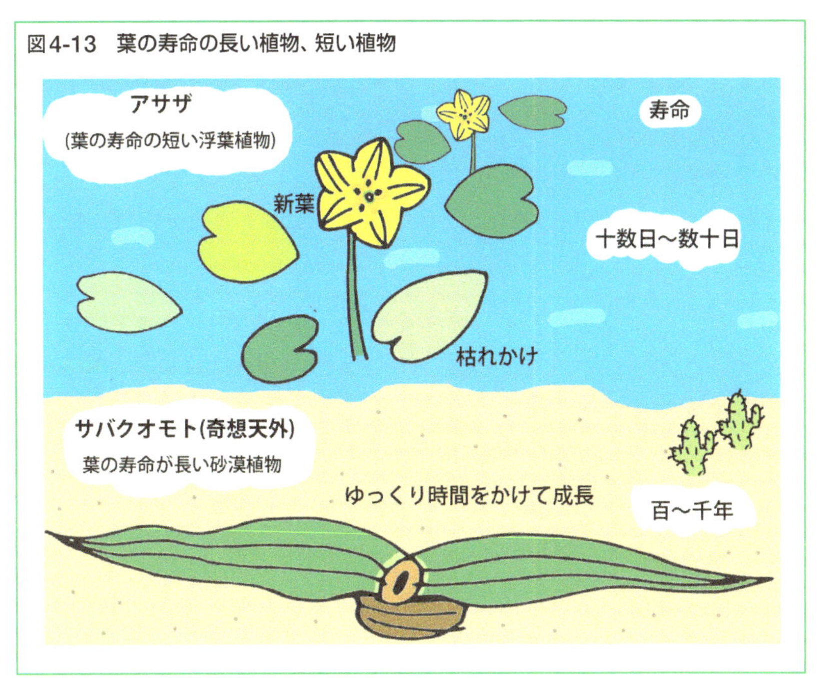


葉の寿命については、浮葉植物のように数週間に満たないものがあるいっぽうで「奇想天外」との和名をもつウェルウィッチア科の砂漠植物のように百年を超えるものもあります（**図4-13**）。それらの戦略は、その植物が生活する環境によく適合したものといえます。

多様な戦略がみられるいっぽうで、同じ選択圧のもとで類似した形質の組みあわせからなる生活史戦略（共通の形質で特徴づけられるシンドローム）を認めることができます。

## 4.4.2 トレードオフ

多様性の中にも戦略に共通性が認められる理由の1つはトレードオフ（「こちらをたてればあちらがたたず」の制約）です。生物の適応に「万能」の戦略が存在しないのは、トレードオフの制約があるからです。広く認められるトレードオフとしては次のようなものがあります。

分配トレードオフ（**図4-14、図4-15**）は、特定の構造（器官など）や機能に物質・エネルギー・時間などを投入すると他には投入できない、子ど

もを多く生むとそれぞれの子どもには十分な投資ができないなどといった制約です（**図 4-15**）。それは物質・エネルギー・時間などの総量が決まっており、その制約のもとで複数の構造や機能に分配することで生じるトレードオフです。

生活史における繁殖と生存のトレードオフも多くの動植物で観察されます。

獲得トレードオフは、動物が餌を探すには天敵に身をさらさなければならないというジレンマをさします。常に「資源獲得か」「身の安全か」の選択が迫られているともいえるのです。

スペシャリスト - ジェネラリストトレードオフは、特殊化と一般化は両立せず、どちらかを選ばざるを得ないというジレンマをさします。たとえば、ランの花のように特定のポリネータにあわせた特殊化は、そのポリネータ以外の授粉サービスを受けることができず、そのポリネータがいなくなると適応度が大きく低下してしまいます。

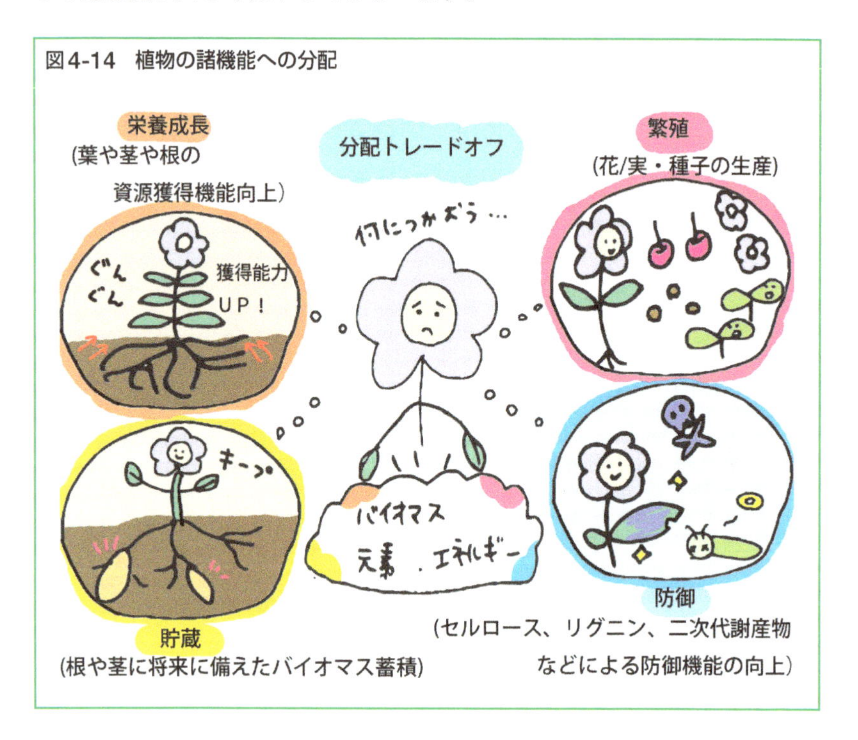


**図 4-14　植物の諸機能への分配**

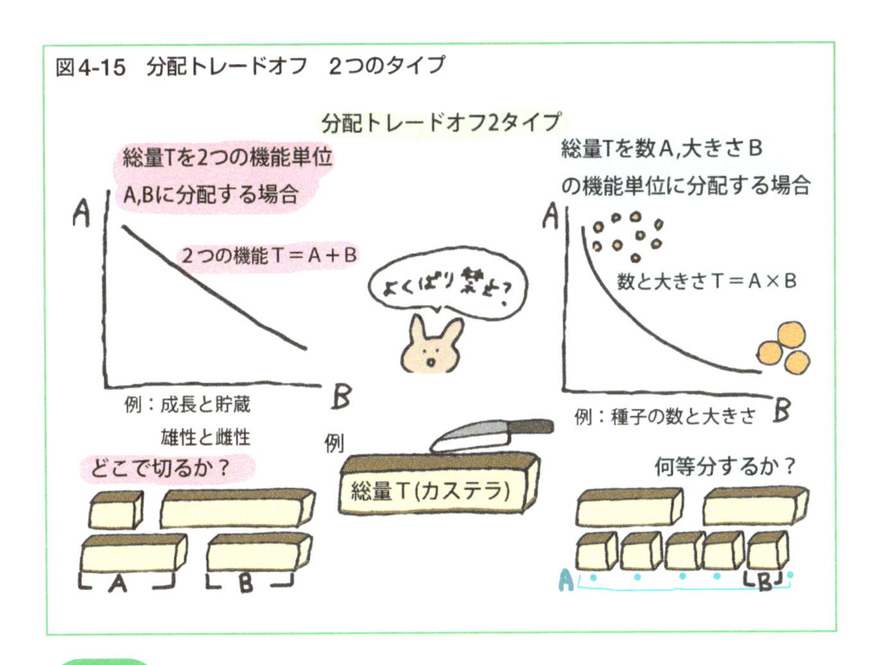


図4-15　分配トレードオフ　2つのタイプ

# 4.5 遺伝変異・隔離／種分化

自然選択は個体差（＝変異）に作用します。その変異が遺伝的なものであれば自然選択による進化がおこることはすでに説明しました。マクロな進化につながる種分化には、隔離が重要な役割を果たします。

## 4.5.1　遺伝変異

遺伝的な変異はDNAの塩基配列の変化など、突然変異によって生じます。その頻度は、世代ごとに$10^{-8}$程度の低頻度です。自然選択は、個体の適応度に応じて個体群が保有する変異を減少させる作用です。強い自然選択がはたらき続けるとその形質に関する遺伝変異は減少していきます。

遺伝変異（遺伝子頻度）は、突然変異、自然選択（環境によくあった形質をもつ個体がより多くの子孫を残すこと）に加えて、自然選択に中立的な（自然選択を受けない）確率的なプロセス（偶然）の影響もうけて変化します。

集団（個体群）の中で偶然（中立的に）あるいは自然選択によって遺伝

## column　生活史戦略のシンドローム

同じような選択圧にさらされた種群には、類似の生活史に関する形質をあわせ持つシンドローム（形質の類似した組みあわせ）が認められます。

生活史全般に関する戦略シンドロームとしては、動物では、r-K 戦略（5章コラム）、植物における CSR モデルなどが提案されています。

CSR モデルは、植物の適応度に負の効果を与える主要な3つの環境の作用が①資源をめぐる競争（8章）、②光合成を抑制する物理的作用であるストレス、③植物体を破壊する作用である撹乱であることに注目したものです。これらの作用に対する適応がもたらした生活史の戦略を理想化し、3つの主要な戦略、競争戦略、ストレス耐性戦略、撹乱依存戦略とするこのモデルは、イギリスの生態学者グライムが提案しました。

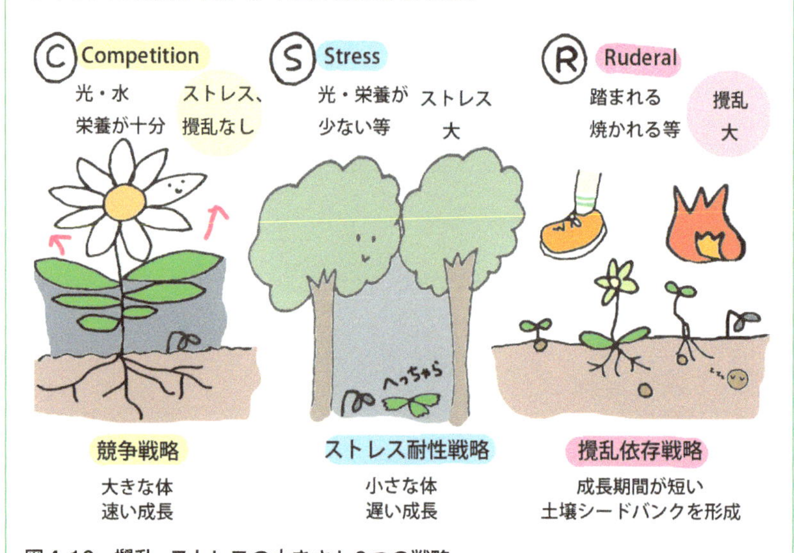


**図4-16　撹乱・ストレスの大きさと3つの戦略**

- 競争戦略Ⓒをもつ植物は、光を獲得するのに適した特性、すなわち、他の植物よりも高い位置に葉をつけ、水や栄養塩の獲得に有利な地下の吸収表面などを広げることができるように成長速度が大きく、大型化します。
- ストレス耐性戦略Ⓢは、光が十分に利用できない、栄養分が少ないなど成長が制限される条件に耐え、ゆっくりと成長する戦略です。常緑の寿命の長い葉をもち小型であるなどの特徴があります。

攪乱依存戦略Ⓡをもつ植物は、成長期間が短く早期に寿命の長い種子を生産し、種子は土壌中で休眠を続けます。成長点が地際にあるなど攪乱を受けても再生しやすい特性をもつものもあります。

これらのモデル戦略をもたらす選択圧のうち競争は、ストレスと攪乱が小さく、植物の生育に適したところで大きくなるので、3つの戦略は、ストレスと攪乱がつくる平面に配置すると**図 4-17** のように表せます。現実の植物はこれらの戦略をいろいろな程度に兼ね備えています。

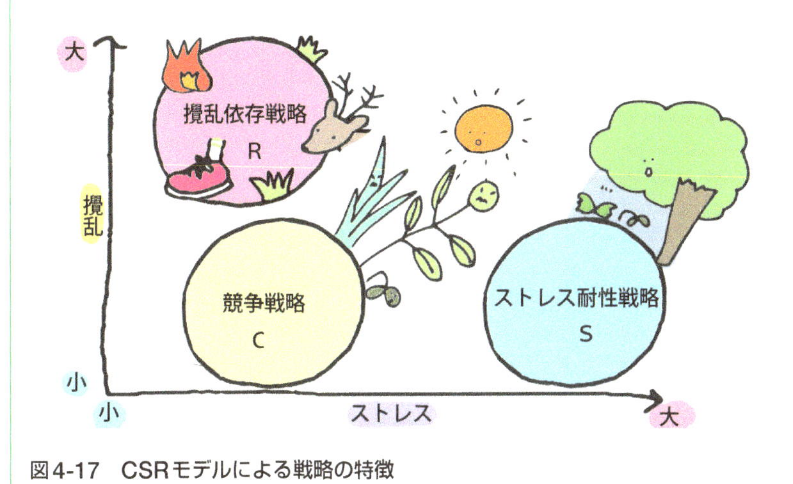


**図 4-17 CSRモデルによる戦略の特徴**

子頻度が変化することはミクロ進化です。さらに、次に述べる隔離によって個体群の中の別の集団が別々の道を歩むことで、別の種に分かれることを種分化といいます。

## 4.5.2 隔離／種分化

種の分化、すなわち同じ種に属する個体のグループが別種に分かれていくにあたっては、隔離が重要な役割を果たします（**図 4-18**）。

隔離がもたらされる理由は、大陸移動など地史的なイベントにより山岳や海峡などで分離されたり（地理的隔離）、昼行性の種の集団の中に夜行性

図4-18　地理的隔離と生態的隔離

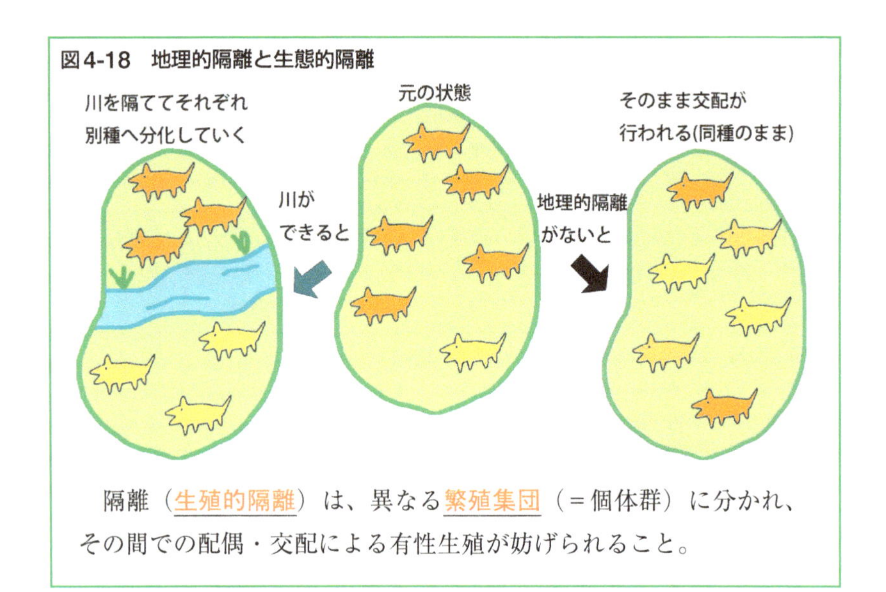


隔離（生殖的隔離）は、異なる繁殖集団（＝個体群）に分かれ、その間での配偶・交配による有性生殖が妨げられること。

の個体グループが出現し、昼に活動する個体と配偶できなくなる（生態的隔離）などさまざまです。

繁殖集団の内部では、交配や親子関係などで遺伝子の交流がおこなわれます。その状態を遺伝子のプールを共有しているといいます。繁殖集団が異なると遺伝子プールは共有されず、それぞれが独自の進化（遺伝的変化）の途を歩みます。それぞれが生息・生育する地域において異なる選択圧のもとで別々に適応進化すれば、両者の間には明瞭な形質の違いがみられるようになります。いっぽう、個体数が少ない場合は、偶然の効果である遺伝的浮動による遺伝的な差異が拡大し、時間がたてばたつほど遺伝的に異なる集団に分かれていきます（中立進化）。

種の範囲を決める決定的な基準は存在しませんが、人為的な交配をおこなっても有性生殖ができない場合には、生殖的に隔離されていると判断し、別の生物学的な種とします。また、分類の専門家がその種が属する分類群の分類において重視される形質に明瞭な違いを認めると、別種として分類されます。

## 種とは何か

「種は実在するか」は、古くから生物学において問われ続けてきた問いです。「種の起源」を著したダーウィンも明確な答えを提示しませんでした。それどころか、常に自然選択にさらされている生物集団のイメージは、「種」という固定的なイメージにそぐわないと考えていました。

現代でも、関連分野の研究者の誰もが満足するような種の定義は存在しません。

生物学的種には、遺伝子プールを共有する繁殖集団という明確な定義があり、理論的な検討に役立ちます。しかし、それを野生生物の具体的な集団にあてはめることは容易ではありません。遺伝子プールを共有しているか否か、交配により繁殖力のある子孫ができるかどうかの判断が難しいからです。

分類学における実際の種の記載や命名（学名を与えること）は、生物学的種概念にもとづいておこなわれるわけではありません。それぞれの生物グループの分類の専門家が重視する形質で他と区別される集団を種とします。分類には、外観や解剖学的特性など、形態に関するものがおもに利用されてきましたが、現在は DNA の分析が重要な手段となっています。

種を不変なものと考えた分類学者リンネは、種の学名を二名法で表すことを提案しました。その命名法は実用的な価値が大きく、現在も使われています。種名は、ラテン語の大文字ではじまる属名と小文字のみの小種名の 2 つの単語の組みあわせで表されます。それぞれの種は、学名で示される属に所属し、さらに、科、目、綱、門、界というように入れ子状のグループに階層的に位置づけられます。たとえば、私たちヒトは、動物界　脊椎動物門　哺乳綱　霊長目　ヒト科　ヒト属に属し、その学名は *Homo sapiens* です。

DNA の分析が容易になった現在では、進化的な系譜を反映した系統関係を重視して種を位置づける分類体系が一般的になっています。

DNA にもとづく種子植物の新しい分類体系では、形態を重視していた従来の分類とは大きく異なり、科や目についても大きな変更がおこなわれました。たとえば、従来の分類体系におけるユリ科の種は、科より上位の分類群であるユリ目とキジカクシ目に大きく分かれ、さらに、ユリ目の中のいくつかの科に分けて分類されました。また、**オオイヌノフグリ**などを含むクワガタソウ属がゴマノハグサ科からオオバコ科に移されるなどのいくつもの大きな変更がなされました。

種の範囲（変種、亜種などの種内のグループを含む）の判断は、それぞれの分類群の専門家にまかされており、分類群の間でその基準は必ずしも共通とはいえません。種を不変のものとして考案された二名法は、生物の異同を認識する便宜的・実用的な名称として役に立っています。

すでに命名されている生物の種は約200万種です。地球には、これより何桁か多い数の種が生息・生育していると推測されています。現在では、種をみいだして命名するスピードよりも熱帯雨林の消失などで種が絶滅するスピードのほうが大きいため、特定の時点で地球上に存在していた種の総数を正確に把握することはできません。

種のなかには、生息・生育空間が明らかに異なるなど、生態的な特性が顕著に異なる集団が含まれていることがあります。形態の代わりに生態的な形質で区別される「生態学的種」ともいえる種内集団はエコタイプとよばれています。

## column 生命の歴史（1） DNAと化石でたどる初期の生命

マクロな進化は、化石を手がかりにして研究されてきました。現在では、DNAで既存の生物種の関係を探ることで生命の歴史を推測することが盛んになっています。これ以降の4つのコラムで、他のさまざまな情報を統合して解明されつつある生命の歴史をたどってみましょう。

地球の最初の生物は、核酸とその複製に必要な酵素を膜で包んだ小さなあわ粒のような単純な原始細胞で、約40億年前に出現したと推測されています。原始細胞は、自己複製を続け、数を増やしながら、核酸に少しずつ変異を蓄積させていき、適応進化と多様化が進みました。

約20億年前に真核生物が生まれましたが、それには、ミトコンドリアや葉緑体になった原始生物の細胞内共生が重要な役割を果たしたと考えられています。それによりエネルギー代謝変革をなしとげた真核細胞は、やがて多細胞の生物を進化させました。それは約10億年前のことであると推測されています。

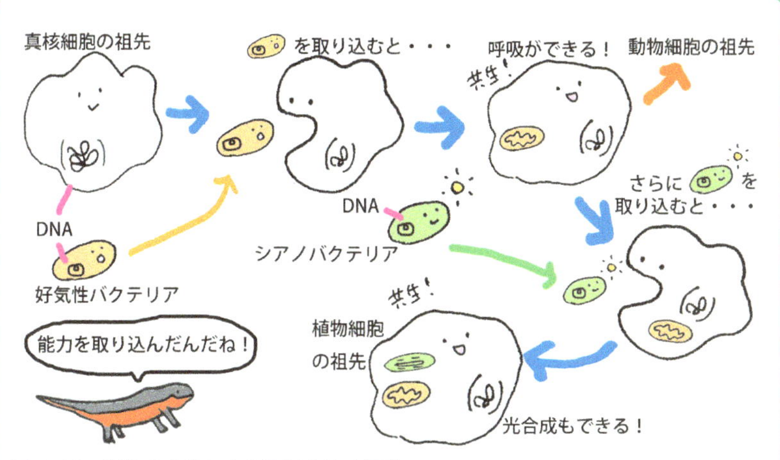


図4-19 細胞内共生による真核生物の誕生

約6億年前からはじまったカンブリア紀には、爆発的ともいえる生物の多様化がおこりました。カナダのバージェス頁岩から発見されたバージェス動物群のなかには、炭酸カルシウムの硬い殻をもつ動物がみられます。それは、当時すでに捕食者が重要な選択圧をおよぼしていたことを示唆します。

後の魚類の時代デボン紀における魚類の多様化はめざましく、現生魚類の軟骨魚類（サメの仲間）と硬骨魚類の祖先が出現しました。

シルル紀には、シアノバクテリアや藻類の光合成で放出された酸素の大気中濃度が現在の1/10を超え、大気上部にオゾン層が形成されて紫外線を遮るようになりました。それ以前には強い紫外線の作用により生物が生活できなかった陸上が生物の生活の場となったのです。陸上の生態系が成立するにあたって、生産者である植物がまず陸上に進出しました。

大型の陸上植物（シダ植物や種子植物などの維管束植物）は、水や栄養塩を根で効率よく吸収するために、菌根菌と共生し、根の吸収表面を飛躍的に増加させました。温暖・湿潤な気候に恵まれ、大気中の二酸化炭素と酸素の濃度が現在よりも高かった石炭紀には、大型の木生シダが森林を形成し、多様な植物の分類群が出現しました。ペルム紀になると気候が乾燥・寒冷化し、木生シダ類は、乾燥・寒冷期を休眠して耐えることのできる種子をつくる種子植物（裸子植物）にとってかわられました。

図4-20　古生代の時代区分と生物群

## column 生命の歴史（2） 陸上動物の進化

シルル紀末期にムカデやクモの祖先の節足動物が現れ、デボン紀には昆虫が出現しました。石炭紀の後期には、当時の陸上生態系を特徴づけるシダの森で、翅を広げると 70 cm にもなる**メガネウラ**（原始的なトンボ）がくらしていました。

石炭紀前期（3 億 3,300 万年前）になると両生類が出現します。両生類は、幼生期には水中でくらしましたが、石炭紀の終わりに出現しペルム紀に多様化した爬虫類は、水から離れて生活するようになりました。

生物の多様化のいっぽうで、2 億 5 千万年前（ペルム紀）には、地球の生命史における最大級の大量絶滅がおこります。海では、それまで優占していた**三葉虫**や**フズリナ**（紡錘虫）を含む多くの無脊椎動物、陸ではシダ植物の

図 4-21　中生代の時代区分と生物群

多くが絶滅しました。

その後、陸上で乾燥に適応した爬虫類と裸子植物が繁栄する中生代がはじまりました。爬虫類は、体表がうろこでおおわれています。体内受精をおこない、胚は羊膜で包まれ、さらにその外側に硬い殻をもつ卵を発達させるなど、乾燥への耐性を進化させています。適応放散で多様化した爬虫類からは、鳥類や哺乳類が進化しました。しかし、巨大隕石の衝突が一因と考えられている中生代末（6,500万年前）の大絶滅で、当時の爬虫類の覇者ともいえる恐竜も絶滅しました。

## column　生命の歴史（3）　哺乳類と被子植物の時代

恐竜がいっせいに滅びた後に哺乳類と被子植物の時代ともいえる新生代が始まります。現生の哺乳類の3グループ（有袋類：カンガルーの仲間、単孔類：カモノハシの仲間、有胎盤類：それ以外）の祖先は、すでに白亜紀に出現していましたが、恐竜が繁栄していた時代には目立たない存在でした。

ジュラ紀に出現していた被子植物も多様化しつつ優占します。被子植物の花や実の多様化は、動けない植物に代わって花粉やタネを運ぶ動物との共進

図4-22　新生代の時代区分と生物

化によるものです。花はハナバチ類やチョウ類と、種子分散のための果実は、鳥類・哺乳類と互いに影響をおよぼしあいながら進化し多様化しました。

図4-23　花との共進化

## column　生命の歴史（4）　ヒト（現生人類）の出現と分布拡大

白亜紀の終わりに出現した有胎盤類の原始食虫類から樹上生活をする夜行性のキツネザル（原猿類）が進化し、そこから熱帯をおもな生息域として多くの霊長類が進化しました。樹上生活への適応です。その最終段階で人類が現れました。

ゲノム（生物個体の遺伝子のセット）の分析技術が発達し、生物種間の遺伝的関係（系統関係）が詳細に把握されるようになると、私たちヒトはゴリラやチンパンジー、とくにチンパンジーと遺伝的にごく近い関係にあることがわかりました。ヒトを含む人類がチンパンジーの祖先と袂を分かったのはおよそ600万年前と推測されています。

人類は、森で木々の間を枝渡りで移動する生活が主であった祖先と異なり、地上を直立歩行で移動するようになりました。森を出て、見通しがよい湿地や草原、疎林などからなる環境でくらすには、高い位置からまわりを見渡すことができる直立二足歩行が好都合です。それは、湿地の浅い水域を渡るのにも適していました。

私たちの種である現生人類ヒト（*Homo sapiens*）は、20万年ほど前に人類進化の中心地のアフリカ東部で生まれました。人類のうちヒト以外の種はすべて絶滅しましたが、ヒトだけが環境変動に耐えて存続し、地球全体にその分布を広げて今日に至っています。

10万年ほど前までのヒトの生活の痕跡は、アフリカの東部だけにみつかります。それ以降、ユーラシア大陸に生活の場を広げ、さらに他の大陸や島々に分布を拡大しました。

ヒトは、石器を巧みに使い、狩猟・漁労の技術などを発達させ、洞穴に壁画や彫刻などを残しました。4～1万年前頃のヨーロッパには、ヒトであるクロマニョン人だけでなくホモ属の別種ネアンデルタール人がくらしていましたが、その後絶滅しました。なぜ唯一ヒトが絶滅を免れたのか、確かなことはわかりませんが、言葉をあやつり、狩猟など集団での統制のとれた行動ができたこと、言葉により経験の共有と蓄積ができたこと、抽象化の思考に長け将来を見通し計画的な行動ができたことなどが重要であったのではないかと推測されています。

約1万年前に最終氷河期が終わり、ヒトは狩猟・漁労と採集を中心とした生活から抜け出し、農耕と牧畜をはじめました。その頃から、ヒトが地域の環境や地球環境におよぼす影響が拡大しました（13章）。

**図4-24　ヒトにつながる類人猿～人類への進化**

図4-25　クロマニョン人と壁画

# 5章 個体群の生態学

生物は集団をつくって生活しています。おもに同種の生物からなる集団を個体群、その時間や場所に応じた変動を個体群動態といいます。ヒトの個体群動態は人口動態とよばれます。個体群動態は個体数や年齢構成の変化を意味しますが、ここでは、個体数の変動をとらえる視点について学びます。

## 5.1 個体群の動態

野外では個体群はさまざまな要因の影響を受けて複雑な動態を示します。その理解のための基礎としては、それらの要因を取り除いた単純な条件のもとでの個体数変化を単純なモデルでとらえることが有用です。

### 5.1.1 個体群の成長：ねずみ算での成長／制約に支配される成長

個体群は、環境に恵まれると「ねずみ算」で（指数関数式にしたがって）個体数を増加させます。増える速度は、おもに時間あたりに親が何個体の子を産むかによって決まります。しかし、いつまでも増え続けることはありません。資源が無限に存在することはなく、厳然とした環境の制約（環境容量、もしくは環境収容力）が存在するからです。

環境からのさまざまな制約としては、餌などの資源が不足したり、老廃物が蓄積して環境が悪化することなどをあげることができます。それに応じて、個体数の増加に伴う出生率の低下、死亡率の増大などがもたらされ、個体群成長率が低下していきます。

個体密度に応じて生じる負の効果は、その環境における最大の個体数である環境収容力（K）を用いて、次ページのコラムに示したようなロジスティック式で表すことができます。

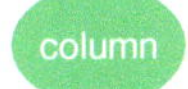


### ねずみ算での成長：指数関数式

環境の制約がないと仮定できるのは、生息に適した環境が保証された広大な土地に少数の個体が新たにすみ込んだ場合などです。そのような場合の個体数の変化（ある時点 $t$ から $\Delta t$ 経た後の個体数 $N(t+\Delta t)$）は、個体数 $N(t)$ と増殖力 r（内的自然増加率）を用いて次のように表せます。

$$N(t+\Delta t) = N(t) + \mathrm{r}\cdot N(t)\cdot\Delta t$$

$\Delta t$ のあいだの平均的な個体数変化は次のようになります。

$$[N(t+\Delta t) - N(t)]/\Delta t = \mathrm{r}\cdot \mathrm{N}(t)$$

$\Delta t$ を無限に小さくすると次の微分方程式が得られます。

$$\mathrm{d}N(t)/\mathrm{d}t = \mathrm{r}\cdot N(t)$$

初期（時間 0）の個体数を $N(0)$ として積分するとある時点での個体数は次のようになります。

$$N(t) = N(0)\cdot e^{\mathrm{r}t}$$ （$e$ は自然対数の底で 2.718）

r は 1 個体あたりの増加率（個体群成長率）であり、出生率（$b$）と死亡率（$d$）の差（$\mathrm{r} = b - d$）となります。

$\mathrm{r} > 0$ であれば、個体数は指数関数的に増加することになります。

### column 制約に支配される成長：ロジスティック式による個体群成長

個体密度に応じて生じる負の効果は、その環境における最大の個体数である環境収容力（K）を用いて、次のようなロジスティック式で表すことができます。

$$dN/dt = r \cdot N \cdot (K - N)/K \quad (dN \text{ は } dN(t) \text{ を表す})$$

$N$ が K に比べて十分に小さいときには、$(K - N)/K$ はほぼ 1 であるため、この式は、指数関数式とほとんど変わりません。$N$ が大きくなって K に近づくにつれ、$(K - N)/K$ は、1 より小さい値をとるようになります。そのため、ロジスティック曲線は、指数関数曲線から下方に逸れ、$N$ が個体数の上限値の K になると増加率は 0 となります。

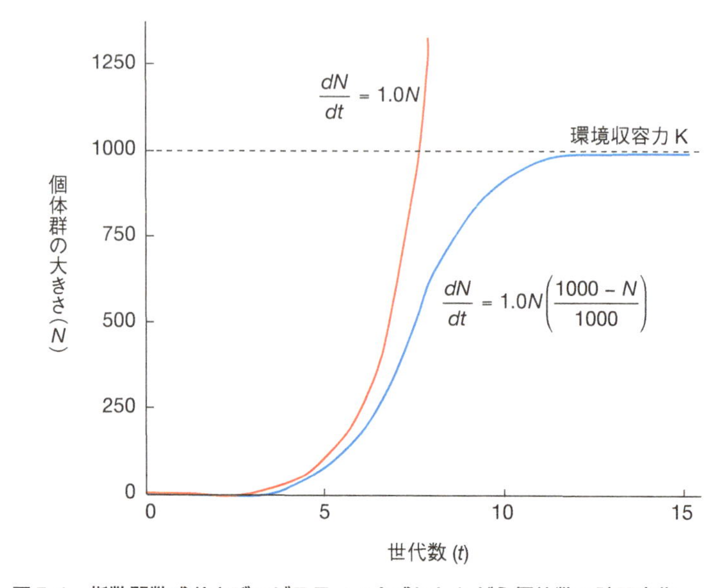


**図5-1　指数関数式およびロジスティック式にしたがう個体数の時間変化**

## 5.1.2 アリー効果のある個体群成長

現在、絶滅のリスクにさらされている種が少なくありません。個体数が少なくなると個体群の成長が抑制される負の効果、アリー効果が生じることでそのリスクはいっそう高まります（5.2.2）。アリー効果は、交配相手をみつけることが難しくなり増殖率が低下したり、群れをつくる動物では天敵に襲われやすくなって生存率が低下するなどの理由で生じます。そのような効果を取り入れた個体群動態モデルも、コラムに示したような簡単な数式を用いたモデルで表すことができます。

### column　アリー効果のある個体群動態モデル

アリー効果を取り入れた個体群動態モデルは、次の式で表すことができます。

$$dN/dt = r \cdot (N/A - 1) \cdot (K - N)/K$$

$A$ はアリー閾値（$0 < A < K$）であり、アリー効果の大きさを表します。

個体数が $A$ より小さいとき（$N/A < 1$）には、個体群は負の成長（個体数が減少する）をすることをこの式は表現しています。

### column　r-K 戦略

環境の変動が大きく、新たな生息場所で個体数が増加しはじめても、環境収容力に達するまでもなく環境が変化して生息できなくなるような変動環境のもとでは、個体数は、K（環境収容力）の影響を受けることはありません。そのような条件のもとにおける個体群動態に関する自然選択は、増殖力 r（内的自然増加率）を大きくする方向にはたらきます。それによって進化するのが r 戦略です。

それに対して、安定した環境のもとでは、個体数は K に近いところまで増加して安定します。そのため、自然選択は K を大きくする方向にはたらきます。

不安定で予測不可能な環境、および安定しているかあるいは予測可能な環境のもとで、自然選択によって進化しやすい生活史に関する形質（生活史特性）は、**表 5-1** に示したようになります。

**表 5-1　r- 戦略と K- 戦略の特徴**

| | r- 戦略 | K- 戦略 |
|---|---|---|
| 環境 | 変動が大きい環境 | 安定した環境 |
| 死亡率 | 密度非依存的 | 密度依存的 |
| 生存曲線 | 初期死亡率が高い | 初期死亡率が低い |
| 個体数 | 時間的変動大きい<br>K に比べてずっと小さい | K に近い |
| 種間・種内の競争 | 弱い | 厳しい |
| 生活史特性（戦略） | 成長が速い<br>r が大きい<br>成熟が早い<br>体が小さい<br>一生のうちの繁殖回数少ない<br>多数の小さい子どもをつくる<br>寿命が短い | 成長が遅い<br>競争力が強い<br>成熟が遅い<br>体が大きい<br>一生に何度も繁殖する<br>少数の大きい子どもをつくる<br>寿命が長い |

## 5.2 個体群の絶滅

現代は、人間活動の影響により、さまざまな種の個体群の局所的な絶滅や広域的な絶滅、地球規模での絶滅のリスクがかつてなく高まっている時代です（13 章）。ここでは絶滅の過程とそのリスクの要因について学びます。その知識は、絶滅危惧種の保全にとっても、侵略的外来種の排除の実践においても欠かせないものです。

### 5.2.1 絶滅に向かう過程

野生生物の個体群の個体数はさまざまな要因により変動しますが、負の成長（内的自然増加率がマイナス）が続くと個体群は絶滅に至ります。今日では、人為的な干渉によって負の成長が連続し、絶滅リスクを高めている個体群も多くみられます。

個体群が絶滅に向かう場合、個体数が減少する過程を経て、絶滅がおこ

図5-2 絶滅に向かう個体数の減少と小さな個体群

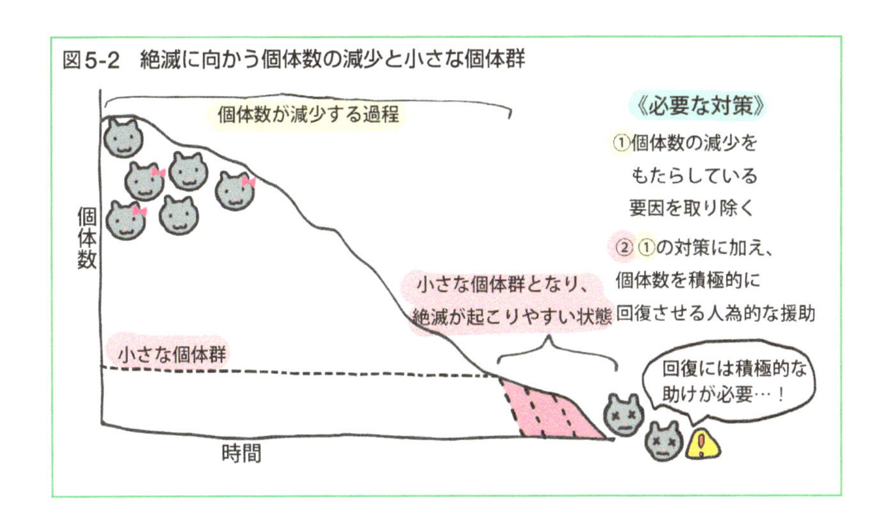


りやすい小さな個体群（個体数の少ない個体群）の状態に陥ります。個体群を絶滅させないように保全するには、個体数の減少をもたらす人為的な要因を取り除くことが欠かせませんが、すでに小さな個体群になっている場合には、何らかの人為的な援助によって個体数を回復させることが絶滅回避のための要件となります（**図 5-2**）。

## 5.2.2 小さな個体群の絶滅リスク

小さな個体群とは個体数の少ない状態をさしますが、その個体数は、実際の個体数ではなく有効な個体数（有効な個体群サイズ＝繁殖に参加する成熟個体の数）(**図 5-3**）を意味しています。実際の個体数が多くても、未成熟の個体や老齢個体の比率が高かったり性比が偏っていれば、有効な個体数は小さな値をとります。

小さな個体群の絶滅リスクを高めている要因には、個体数が少なくなると確実に作用して生存率や繁殖率を低下させる要因である決定論的要因と個体数が少ないと偶然性の影響が大きくなることによって生じる確率論的要因があります（**図 5-4**）。

決定論的要因には、遺伝的要因とそれ以外の要因があります。遺伝的要因としては、近交弱勢（近親交配による生存力や産子数・種子数の低下）

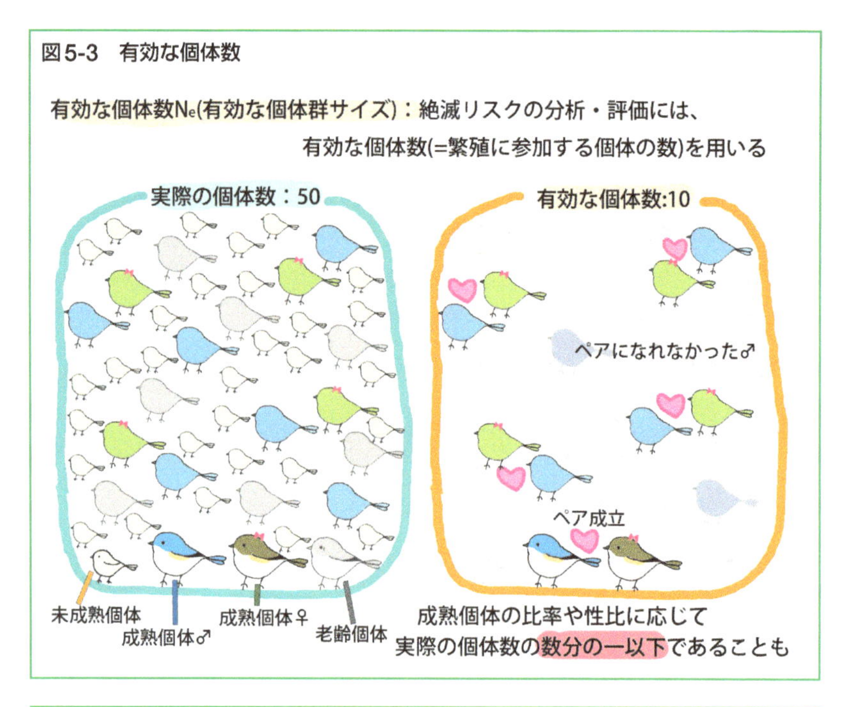


図5-3　有効な個体数

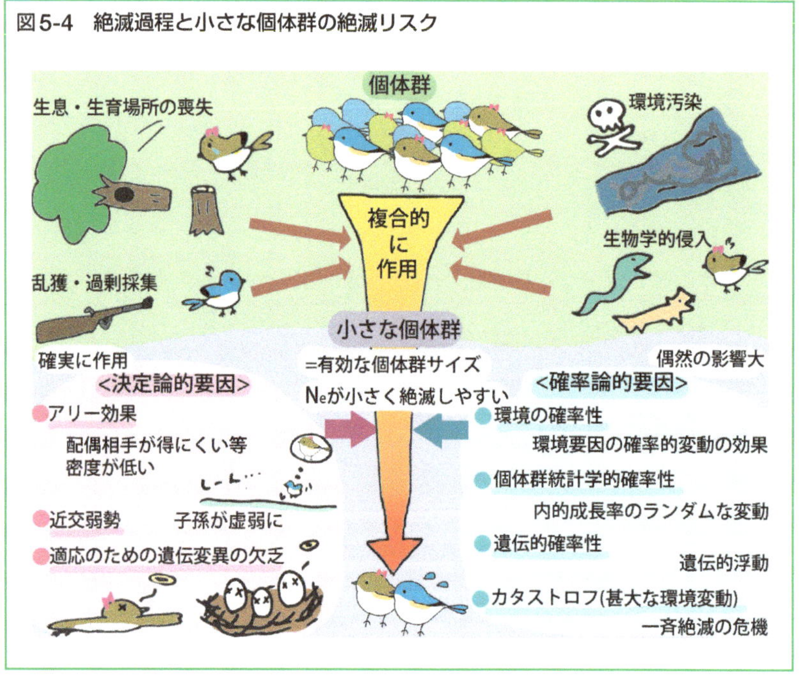


図5-4　絶滅過程と小さな個体群の絶滅リスク

および繁殖型（交配型、雌雄など）の偏りなどをあげることができます。アリー効果（個体密度が低くなると適応度が低下する現象）も絶滅リスクを高めます。これらは種や個体群の履歴や現状に応じて大きく異なります。

確率論的要因には、有効な個体数が50個体以下になると顕著になる個体群統計学的確率性の他、環境変動の効果である環境の確率性をあげることができます。小さな個体群では頻度の低い対立遺伝子が偶然に失われる遺伝的浮動もおこります。

### column　ヒトの個体群動態（人口動態）

ヒトの人口動態に関しては、長期にわたる個体数の推測が可能で、現状についても詳細なデータがあります。近年では多くの国が行政の調査（日本では国勢調査）を実施しデータが充実しています。過去については、歴史文献や考古学データにもとづく推定が可能です。図には、多様な情報源をもとに推定された1万2千年前からの人口変化が示されています。

農業がはじまり、灌漑などの技術が発達した後も人口はそれほど増加しませんでした。産業革命以降、人口の顕著な増加がはじまり、やがて爆発的ともいえるほどに人口が増加し、1825年頃に1億人程度であった人口が2019年には77億人になりました。この増加率で増え続けると2080年までには260億人に達すると推算できます。しかし、ヒトはすでにいくつもの深刻な地球環境問題に直面しており、人口増加が続くことはありえません。個体群成長に環境が課す限界である環境容量（環境収容力）の制約からは、ヒトも逃れることができないからです。その限界を認識することは、ヒトの持続可能性を確保するうえで何よりも重要なことといえます。

発展途上国のなかには、現在でも人口増加がめざましい国がありますが、現在の日本は、世界に先駆けて人口減少と高齢化が進行しています。

日本の現在の人口減少は、出生率が低いことによるものです。人口が維持もしくは増加するためには、特殊合計出生率（女性の生涯を通じた平均産子数）が、子どもが繁殖齢に到達するまでの生存率で2を除した値（自然置換率）以上の値であることが必要です。現在、先進国では2を下回っている国が少なくありません。とくに日本の特殊合計出生率は低く、1990年代半ば以降、毎年1.5を下回っています。そのため、今後も若い世代が減少し、高齢者の比率がますます高まっていくと予想されます。

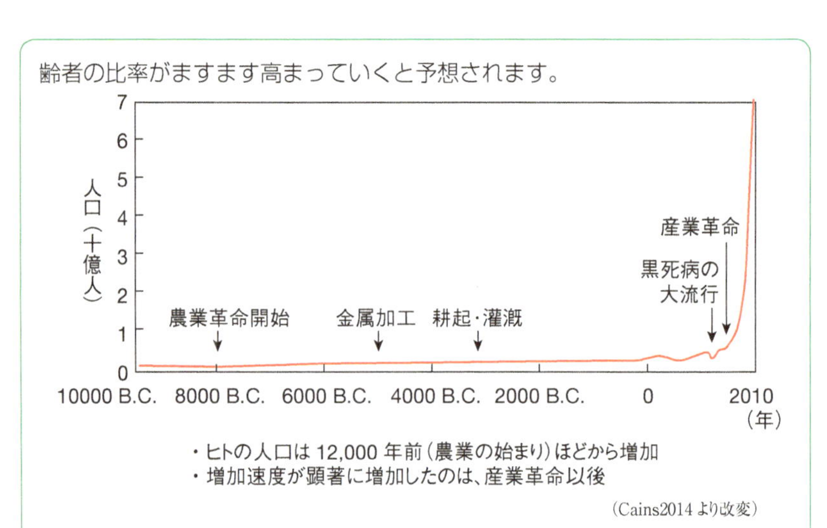


**図5-5　ヒトの推定人口の推移**

## column　持続可能な人間活動のための原則

環境が課す限界、環境収容力の制約から逃れることができないのは、ヒトも例外ではありません。ヒトが進出して開発できるフロンティアが地球上にはもはやなくなった現代になると、「無限の成長」は幻想であることが認識されるようになりました。

環境経済学者のハーマン・デイリーは、地球の限界を超えることのない持続可能な人間活動のための３つの原則（限界を超えない人間活動の３原則）を提案しています。それは生態学の原理である個体群成長における環境収容力を応用した経済原則です。

①森林や海の生物生産物、土壌、水などの再生可能な資源の利用速度は、その資源の再生速度を超えてはならない。

②化石燃料や鉱石などの再生不可能な資源の利用速度は、それにかわる資源の開発速度を超えてはならない。

③汚染物質の排出速度は、自然が安全に吸収、循環、無害化する循環の速度を超えてはならない。

残念ながら現在の人間活動は、この原則からは逸脱しており、ヒトの社会が持続可能であるとはいえないのが現状です（13 章）。

# 5.3 メタ個体群とその存続

個体群は時間的に変動するだけでなく、個体の分布は、空間的に不均一です。個体群の現状を把握したり、その将来を予測するには、空間的な構造、すなわち個体の空間的な分布とその時間変化に目を向けることも必要です。それには、個体群を局所個体群の集まり、メタ個体群としてとらえることが有効です。

## 5.3.1 メタ個体群の空間構造

メタ個体群の空間構造を生じさせるもっとも重要な要因は、ハビタット（生息・生育環境）の空間分布です。広大な森林が開発され、農耕地や草原のなかにわずかにハビタットが残されるようになると、生息・生育に適したハビタットのパッチ（この例では森）が不適な空間のマトリックス（この例では農地や草原）の中に点在するようになります。

ハビタットのすべてにその種の個体がみられるわけではありませんが、個体はそのパッチにのみみられます。それぞれのパッチに存在するのは局

図5-6 メタ個体群の空間構造

所個体群、その集合がメタ個体群です（**図 5-6**）。局所個体群とメタ個体群の間には地域個体群などのまとまりが認められることもあります。

局所個体群どうしは個体の移動分散で結ばれています。移動分散はメタ個体群の動態を決める重要なプロセスです。その生物に特有な移動能力に加えて、移動ルートが確保されているかどうかなど、外的な条件も重要です。

絶滅危惧種の保全にも、侵略的外来生物の対策においても、その個体群をメタ個体群としてとらえることが重要です。

## 5.3.2　局所個体群動態のモデル

絶滅危惧種の保全のためには、局所個体群の数と質の変化に配慮することが必要です。ここでは、局所個体群の数の動態をレビンスのモデル（コラム参照）を参考にして予測してみましょう。

生息・生育場所が相互に独立したパッチ（＝生息・生育適地）からなっており、それらのパッチが個体の移動で結ばれている（連結している）とするモデルです。

この簡単なモデルにより、メタ個体群が絶滅しないためには、あらたなパッチへの個体の移入が保障されること、すなわち生息・生育適地の連結性が十分に高いこと、それぞれのパッチにおける局所個体群の絶滅確率が十分に低いこと、それらに見合って生息・生育適地の劣化・消失の速度が十分に小さいことが必要であることがわかります。

メタ個体群は、利用可能な生息・生育適地が十分に存在し、局所個体群の新生率が消失率より十分に高いときに存続できます（次ページのコラム）。したがって、メタ個体群の保全には、そこに実際に局所個体群が存在するかどうかにかかわらず、生息・生育適地のパッチとそのあいだの連結性の両方を十分に確保することが重要であるといえます。現代の種の絶滅の主要因の１つとして生息・生育場所の喪失・分断化があげられていますが、それが絶滅リスクを高める理由を理解するには、メタ個体群動態に目を向けなければなりません。

### 簡単なメタ個体群のモデル

個体群の生息・生育場所が相互に独立したパッチ（＝生息・生育適地）からなっており、パッチは個体の移動で結ばれている（連結している）とするモデルです。

それぞれのパッチは、そこに局所個体群が「存在しているか」「存在していないか」2つの状態のどちらかをとります。全体のパッチの中で局所個体群が存在するパッチの比率を $P$ とし、局所個体群は一定の率 $m$ でパッチから消失するとします。また、新たに局所個体群が成立するパッチの比率は、そこへの個体の移入率（連結性 $c$）と個体を供給可能なパッチの比率 $P$、個体を受け入れる可能性のあるパッチの比率（$1-P$）の積で表されます。

局所個体群が存在しているパッチの比率の変化は新生局所個体群と消失局所個体群の比率により次のように表すことができます。

$$dP/dt = c \cdot P \cdot (1 - P) - m \cdot P$$

平衡状態に達したとき（局所個体群の数が一定になる状態：$dP/dt = 0$）の局所個体群の数は $1 - m/c$ となり、移入率（＝連結性）$c$ が大きく消失率 $m$ が小さいときに、局所個体群が存在するパッチの比率が大きくなることがわかります。

さらに、生息・生育適地であるパッチそのものの減少が減少率（$D$）で進行しているとすると、局所個体群が存在するパッチは

$$dP/dt = c \cdot P \cdot (1 - D - P) - m \cdot P$$

となり、平衡状態に達した際に、メタ個体群が絶滅する、すなわち局所個体群が存在するパッチが0になるのは $D = 1 - m/c$ であるときであることがわかります。

## 5.3.3 局所個体群をつなぐ個体の移動・分散

動物は生息可能なハビタットのあいだを能動的に移動します。その個体の移動が局所個体群を連結します。

それに対して植物やカタツムリなど移動能力の低い動物は、動くものに依存して受動的に移動します。

鳥類は、飛ぶ能力の低い鳥など一部の例外を除き、能動的に移動します。長距離移動をするものも少なくなく、渡り（定期的な季節的移動）をするものが地球の鳥類種の1/5にのぼります。鳥は、植物の種子や動物の卵などを消化管に納め、あるいは羽毛や脚に泥といっしょに付着させて、それらの長距離移動を助けます。

長距離分散はまれな事象であっても、種の地理的な分布の形成にとって重要な生態プロセスです。科学としての生態学の誕生のきっかけをつくったダーウィンは、「種の起源」で、淡水生態系（湿地）をハビタットとする生物の地理的分布形成における水鳥による移動分散の役割を考察しています。

## 5.3.4　メタ個体群のタイプとその存続

メタ個体群の存続を決める動態・構造において、局所個体群は、すべてが同等ではありません。それにかかわるメタ個体群の構造は、次のように大きく2つのタイプに分けることができます（**図5-7**）。実際のメタ個体群は、2つのタイプの中間のものも少なくありません。

**タイプ1**：安定的に恵まれた生息・生育適地に個体の供給源となる大きな中核個体群（ソース個体群）と、そこから個体を受け入れて一時的に存在するが存続期間の短い多数の小さな周縁個体群（シンク個体群）からなるような構造です。保全のためには、中核個体群とそのハビタットを維持することが重要です。逆に個体群を衰退させることが求められる外来種対策では、中核個体群をつぶすことが有効な対策になります。

**タイプ2**：コラム（77ページ）でモデルを紹介した新生・消失を繰り返す局所個体群からなるメタ個体群です。その保全においては、局所個体群が存在するかどうかにかかわらず、生息・生育適地を十分に残しておくことが何よりも重要です。

図5-7 メタ個体群のタイプと存続可能性

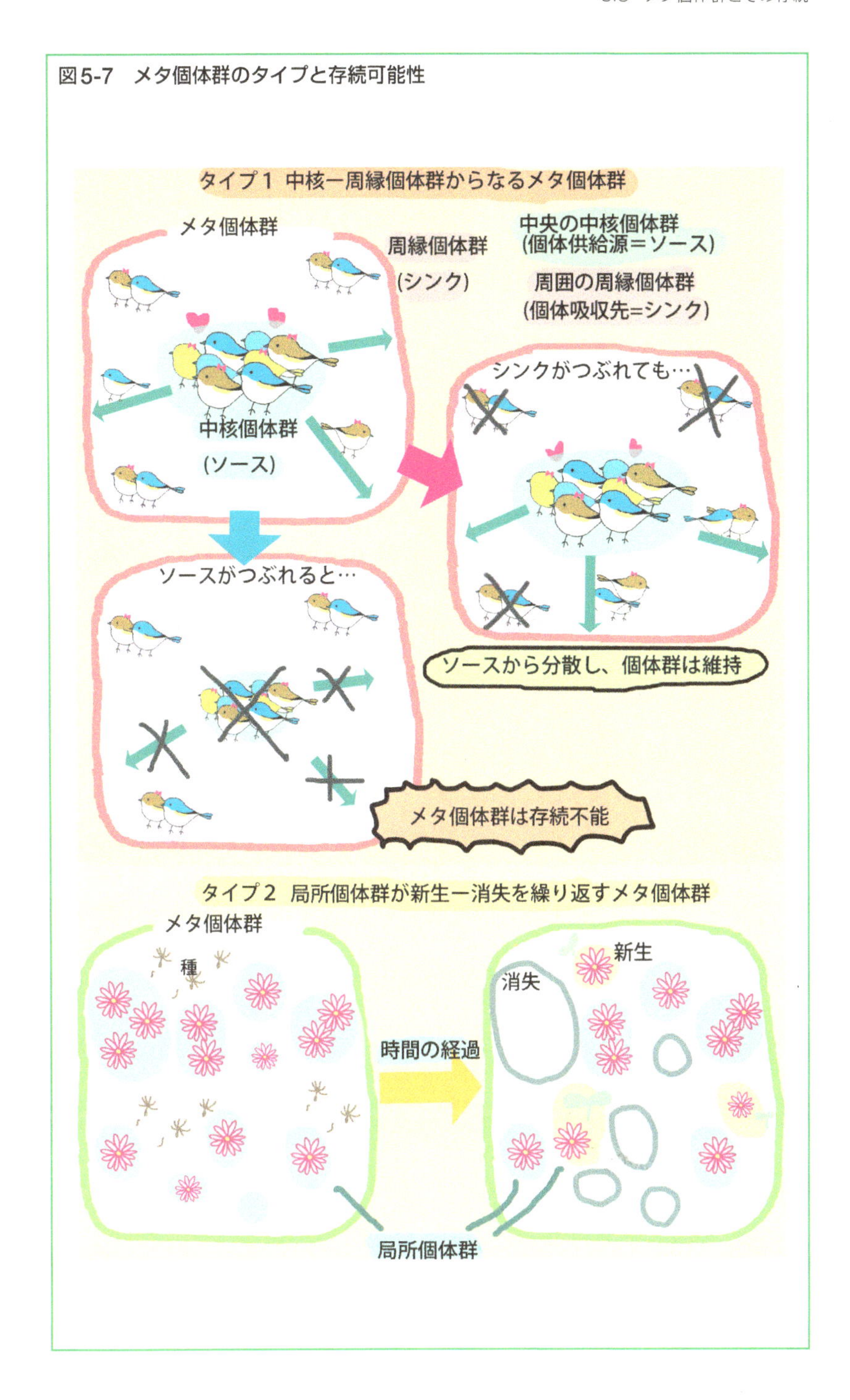

## column　地下の個体群：植物の個体群動態と土壌シードバンク

植物には、種子の寿命が長く、土壌中や土壌表面で何年もの間種子が休眠を続けるものがあります。一年草や水辺の植物などは種子の寿命がとくに長いのが特徴です。隠れた地下の個体群ともいえるその生きた種子の集団を土壌シードバンクとよびます。土壌シードバンクの存在を実験によってはじめて明らかにしたのはダーウィンです。「種の起源」にはその実験の記述があります。

土壌中の種子（個体）は地下に隠された個体群をつくっています。地下は環境が安定しており、種子は地上の植物体の死亡をもたらすさまざまな生物的・非生物的要因の作用から免れています。大きな攪乱や病気の流行などで地上の個体群が全滅しても地下の個体群は残ります。

**図 5-8** と**図 5-9** には、地上と地下の個体群の関連を示した個体群動態が示されています。

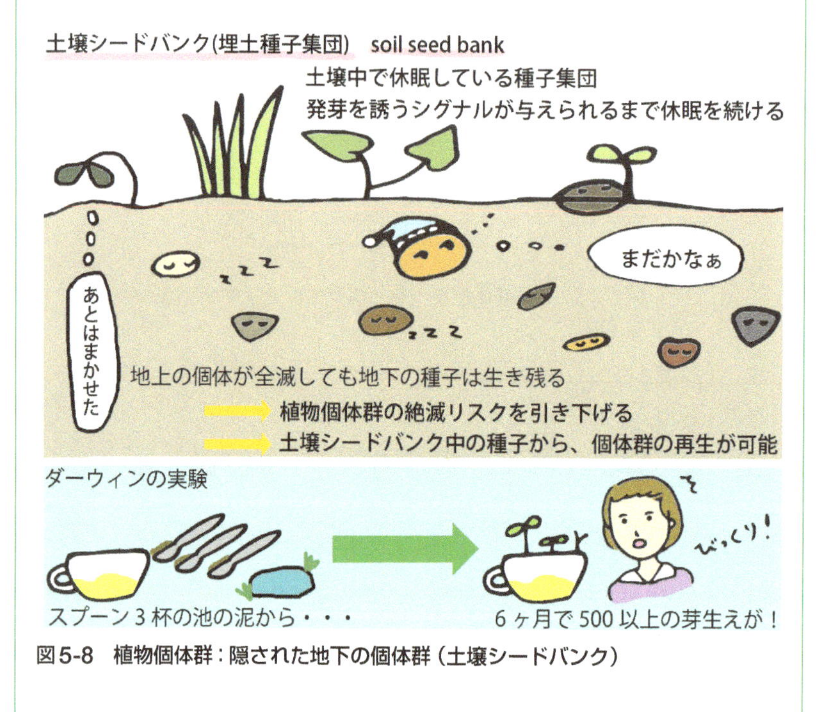


図5-8　植物個体群：隠された地下の個体群（土壌シードバンク）

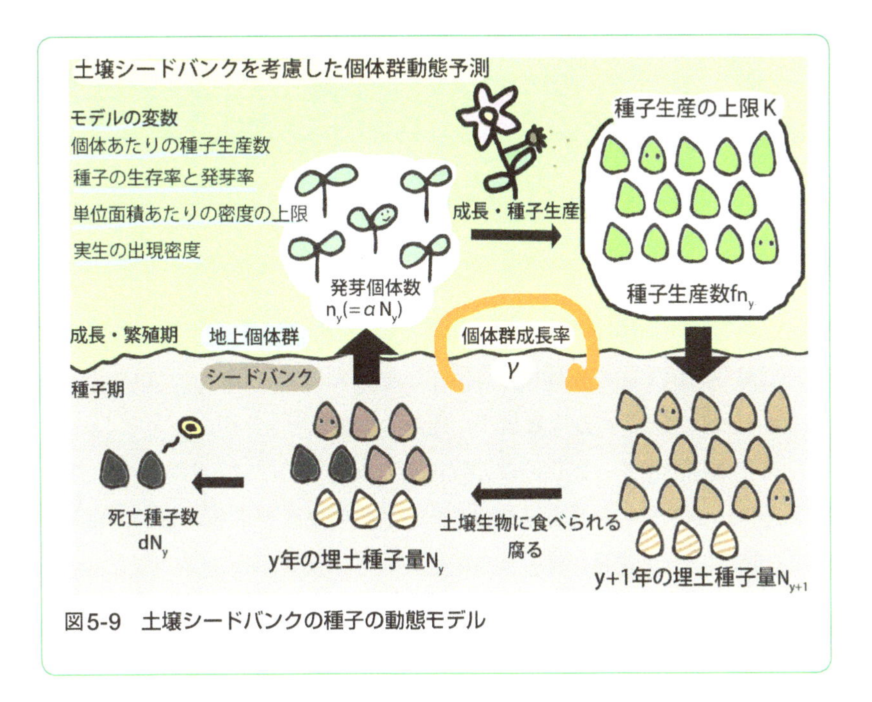


図5-9 土壌シードバンクの種子の動態モデル

# 6章 生物間相互作用と共生

生物の生活には、非生物的な環境にも増して、生物環境が大きな影響を与えます。生物環境の作用は、主体の生物との生物間相互作用としてとらえることができます。種間の生物間相互作用（種間相互作用）の多様な生態的・進化的な効果に目を向けることは、生物間相互作用が骨組みをつくる生態系のなりたちや動態を考えるうえでも、進化を理解するうえでも、重要な意味をもっています。

## 6.1 適応度からみた生物間相互作用のタイプ

一般に、生物間相互作用は、かかわりあう種のそれぞれの適応度への効果によって分類できます（**表 6-1**）。表に示したように、いっぽうもしくは両方に負の効果がある拮抗的な関係と、いずれにも負の効果は生じずいっぽうもしくは両方に正の効果がある共生的な関係に分けられます。

表 6-1　適応度への効果による生物間相互作用の分類

| 生物間相互作用＝<br>生物多様性をつくる多様な関係 | | かかわり合う種 A | B |
|---|---|---|---|
| **共生** | 相利共生 | ＋ | ＋ |
| | 片利共生 | ＋ | 0 |
| **拮抗** | 捕食・被食 | ＋ | − |
| | 寄生（体のサイズは捕食者≪被食者） | ＋ | − |
| | 競争 | − | − |

＋：利益を受ける　−：不利益を受ける　0：どちらでもない

食べる - 食べられるの関係、寄生、競争など、かかわりあう双方あるいはいっぽうが不利益を受ける拮抗的な関係は、生物群集・生態系の構造や動態に大きな影響をおよぼします（7章・8章）。

かかわりあう双方が利益（適応度に＋の効果）を受ける共生関係は、生物多様性を説明するうえでとくに重要な関係です。

生物間相互作用は適応度への影響を通じてさまざまな戦略を進化させます。

食べる - 食べられるの関係は、餌生物の生死に大きく影響し、形態、生理、行動など、生物が示すさまざまな形質（＝戦略）の選択圧となることはすでに述べました。食べる側には効率よく食べて消化するための戦略、餌生物には食べられないようにする防御の戦略が進化します（7章）。

共生関係は、6.2 に述べるように、その関係を強める戦略を適応進化させます。

## 6.2　共生関係

共生関係には、1種：1種の絶対共生から、それぞれが多くの種とかかわりあう多種：多種の共生関係まで、その関係の強さや範囲の異なるさまざまな関係が認められます。また、相手から得る利益も、栄養、天敵や病原生物からの防衛、安全なすみかなどさまざまです。

真核生物が、ミトコンドリアや葉緑体になったバクテリアを細胞内に共生させることで進化したように（4章）、共生関係は太古の昔から多様な生物を進化させる原動力になってきました。

### 6.2.1　栄養摂取にかかわる共生

共生には、さまざまなものが認められます。少なくともいっぽうの栄養摂取とかかわる共生は、生物界に広くみられます（**図 6-1**）。一次生産者の植物がかかわるもっとも普遍的な共生関係は 6.2.2 であつかいます。

光のとどかない深海にすむ**チョウチンアンコウ**は頭の突起の先を光らせて餌をおびきよせてつかまえますが、光っているのはアンコウの頭の突起を安全なすみかとして繁殖する発光バクテリアです。

昆虫から哺乳動物まで、植物食の動物の消化管内には多くの微生物がすみ着き、セルロースなど難分解物質の分解により消化を助けています。それらは種を超えた群集と動物個体との生物間相互作用であるといえます。有毒成分を含むユーカリの葉を餌にする**コアラ**は、長さが2mもある盲腸に何百万ものバクテリアをすまわせ、消化とともに毒の分解をまかせています。最近では、消化管内の微生物群集は普遍的に存在し、ヒトを含めた動物の適応度に大きな影響を与えていることが明らかになってきました。

光の届かない深海の熱水噴出口のまわりには**ゴエモンコシオリエビ**や**シ**

**図6-1　栄養摂取にかかわる共生　共生関係のさまざま**

**ロウリガイ**などの深海生物の大集団がみられます（2章）。ゴエモンコシオリエビの胸の毛には一次生産者として化学合成細菌である硫黄酸化細菌とメタン酸化細菌がすんでおり、栄養を提供します。

南アメリカに生息する**ハキリアリ**は、採集した葉で菌類を地下空間（菌類ガーデン）で栽培して食料にします（**図6-2**）。ハキリアリの1コロニーが暮らす巣には、100ほどのサッカーボールぐらいの大きさの菌類ガーデンが形成されており、そこで栽培される菌類により数百万頭のハキリアリが養われます。新女王が新しい巣を営むために母親の巣から出ていくときには、口に菌類をくわえていって自らの巣の中で栽培をはじめます。ときには、土壌に自立的に生育している菌類を集めて栽培をはじめることもあるそうです。ヒトの農業にも似たハキリアリの栽培行為は、アリと菌類の

図6-2　ハキリアリと菌類ガーデン

両方が栄養を確保することに寄与する共生関係です。シロアリのなかにも同じようにキノコを栽培するものがいます。

## 6.2.2　植物をめぐる共生

植物が動物と結ぶ共生関係としては、花粉を運ぶ昆虫と花の関係（送粉共生）、果実を食べて種子を運ぶ動物と植物の関係（種子分散共生）、樹木がすみかと餌をアリに与えアリが植物を防衛する防衛共生（7章）などがあります（**図6-3**）。それらは、植物が動物に栄養・餌を与え、動物から繁殖や防衛などの見返りを得る共生関係です。

植物が菌類と結ぶ栄養共生は、菌根をつくる樹木と菌根菌やマメ科植物と根粒細菌の関係など、互いに足りない栄養を補いあう関係です。これは、陸上植物のバイオマス生産を支え生態系のはたらき（機能）にも重要な影響をおよぼす共生関係です。

図6-3　植物をめぐる共生

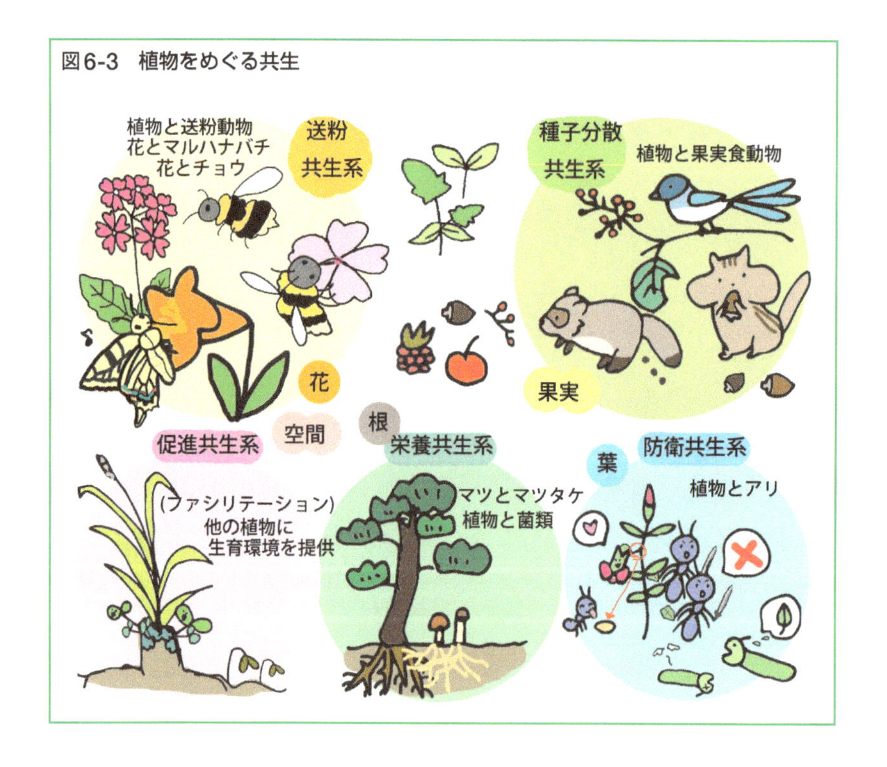

植物は栄養共生以外にも体内にさまざまな微生物をエンドファイトとして共生させています。消費者の食害を防ぐための毒を微生物につくってもらう共生関係が牧草のホソムギに認められています。

## 6.3 絶対送粉共生

1：1の関係に近い送粉共生としては**イチジク**と**イチジクコバチ**、**ユッカ**と**ユッカモス**の絶対送粉共生が有名ですが、コミカンソウ科の植物とハナホソガ属のガのあいだの絶対送粉共生は奄美大島の**ウラジロカンコノキ**で発見されました。**図 6-4** には、日本にみられるイチジク属植物**イヌビワ**と**イヌビワコバチ**のあいだの共生関係をめぐる生活史が示されています。相互にみごとに適応しあっている絶対共生は、相手の存在に強く依存するため、いっぽうが絶滅すると他方も絶滅を免れることができません。

## 6.4 ファシリテーション

いっぽうが利益を受け他方は利益も不利益もうけない片利共生にもさまざまな関係が知られています。生態系の機能への寄与が大きいのは、ストレスの大きい環境のもとで特定の植物が生育すると他の植物（複数の種）の生育が可能になるファシリテーション（促進共生）です。たとえば、ときどき冠水する湿地で株元に微高地をつくるイネ科植物の**カモノハシ**が生育するとそこは多様な植物の芽生えが冠水のストレスから免れ安全に発芽・生育できる発芽セーフサイトとなります（**図 6-5**）。共生微生物の根粒細菌が窒素固定するマメ科の樹木が栄養の乏しい土壌に生育すると、その落ち葉が土壌に栄養を供給し、窒素不足に弱い植物も生育できるようになります。その例として、緑化に用いられた外来種**ハリエンジュ**が日本の河川に侵入し、本来は貧栄養で河原固有の植物がまばらに生えるだけの砂礫質河原が富栄養化して、路傍や農耕地の雑草（外来種）の蔓延を招いていることなどをあげることができます。

図6-4　イヌビワとイヌビワコバチの共生の図解

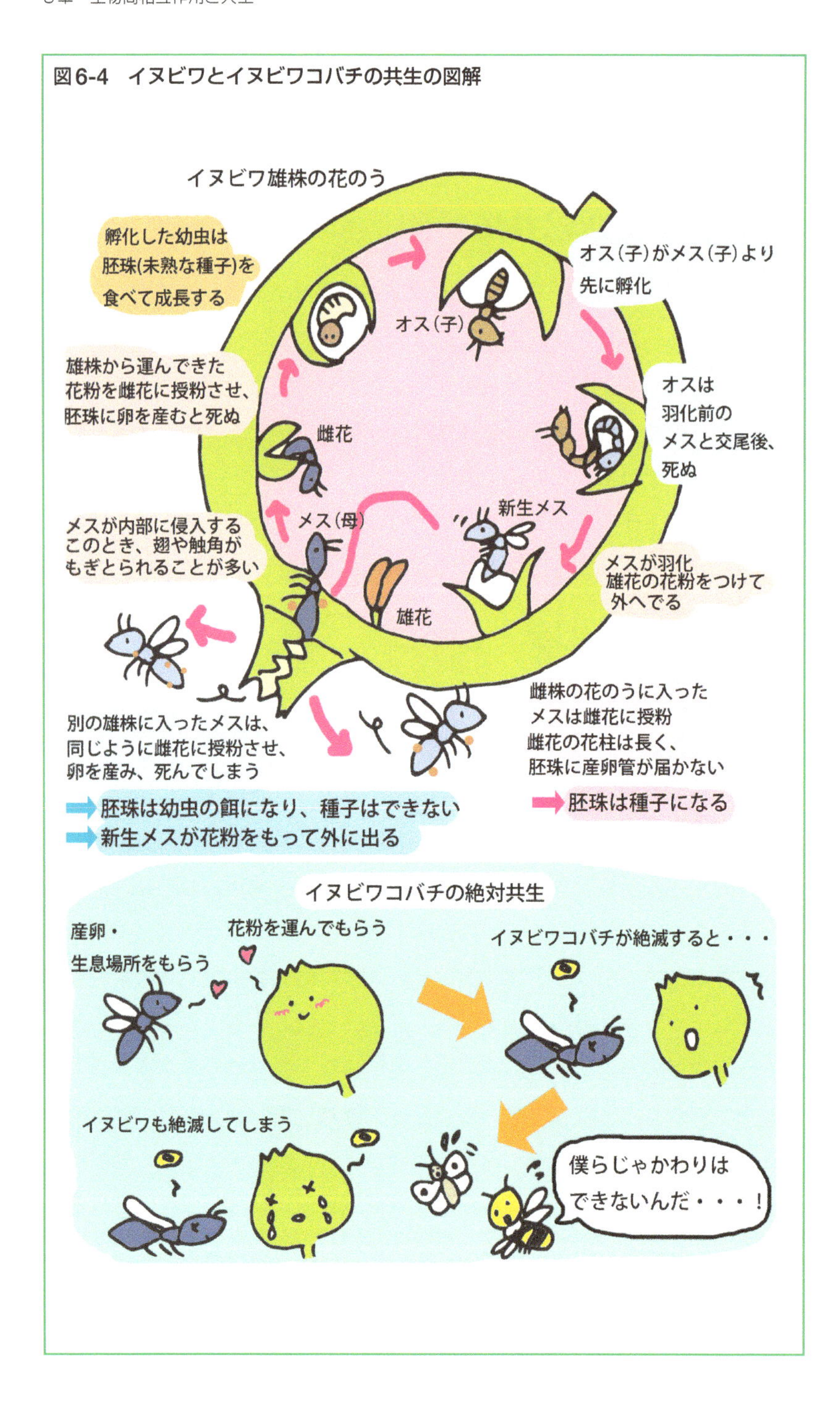

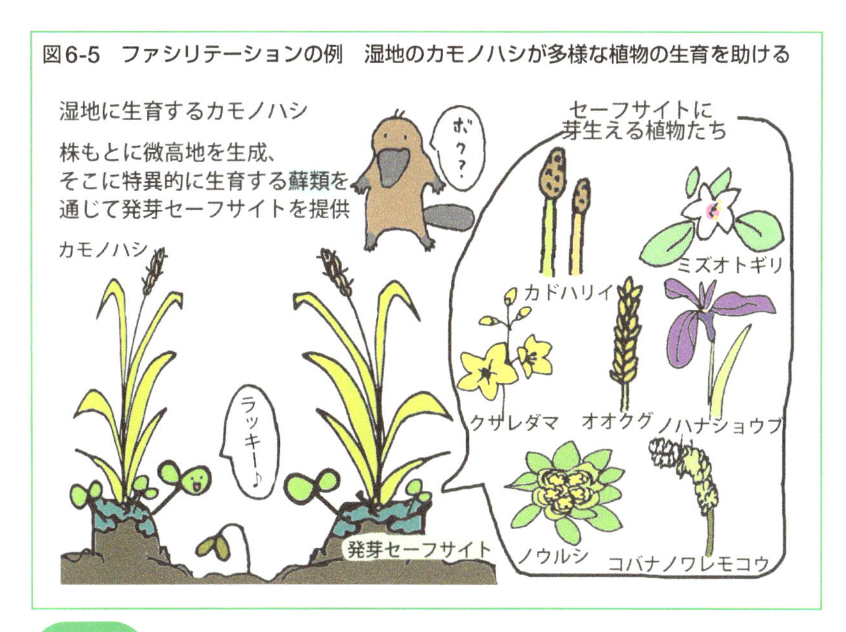


図6-5 ファシリテーションの例 湿地のカモノハシが多様な植物の生育を助ける

## 6.5 多様性を創出する共生

共生関係をめぐる相互適応は、生物多様性を生みだすメカニズムとして重要です。たとえば、花は、形、色、香り、咲き方などで驚くほど多様ですが、それは送粉を担う昆虫などの動物、ポリネータとの相互作用を選択圧とする進化の結果です（**図 6-6**）。色も形も実る季節も多様な果実も、種子分散を媒介する動物や、水や風などの物理的な媒体との関係がその多様な戦略を進化させました（**図 6-7**）。

動くことのできない一次生産者の植物は、動ける動物に栄養（餌）を提供して花粉やタネの運搬をゆだねています。花にみられる多様な形質は花粉の移動、果実の多様な形質は種子の分散という繁殖成功に欠かせない移動を実現するために進化した形質であり、相互作用の相手による強い選択圧をうけて形づくられたものといえるでしょう。

生物間相互作用が選択圧となった進化は、形質の進化に伴い関係にも変化が生じ、それによって変化した選択圧に応じてさらに適応進化がおこります。関係の変化は、複雑に張りめぐらされた生物間相互作用を通じて直

図6-6　花の多様性とポリネータ

ポリネーターに関する花のシンドローム

| 送粉者 | 代表的な分類群 | 代表的な花の形 | 色 | 香り | 報酬 |
|---|---|---|---|---|---|
| 甲虫 | モクレン科<br>バラ科<br>キンポウゲ科 | 露出花 | 多様 | 果実臭 | 花粉 |
| ハナアブ | セリ科<br>キク科<br>ウコギ科 | 露出花 | 多様<br>白・黄 | 多様 | 花粉<br>濃い花蜜 |
| ハエ | ウマノスズクサ科<br>サトイモ科<br>ラフレシア科 | 罠状花 | 紫褐色 | 腐臭<br>キノコ臭 | なし<br>(組織) |
| ハナバチ | シソ科<br>ゴマノハグサ科<br>マメ科 | 唇状花<br>筒状花 | 多様 | 多様 | 花粉<br>濃い花蜜 |
| ガ | ツレサギソウ属<br>マツヨイグサ属 | 細い<br>筒状花 | 白<br>淡色 | 甘い<br>香り | 薄い花蜜 |
| チョウ | ツツジ類、ユリ | 筒状花 | 黄色<br>紅紫色 | 甘い<br>香り | やや薄い<br>花蜜 |
| 鳥 | ゴクラクチョウ科<br>ツバキ科 | 深く太い<br>筒状花 | 鮮紅色 | なし | 薄い花蜜<br>(多量) |
| コウモリ | バナナ科 | ブラシ<br>状花<br>/椀状花 | 白、緑<br>黒紫 | 強い<br>発酵臭 | 薄い花蜜<br>(多量) |

**図6-7　果実の多様性と種子分散者**

接的な影響だけでなく、間接的な影響にもとづく選択圧を多くの生物におよぼします。生物間相互作用は、不断の適応進化を駆動し、生物多様性を豊かにする原動力であるともいえるのです。

# 7章 食べる-食べられるの関係

生物は体をつくり、活動するためにエネルギーと化学物質を外部から取り入れなければなりません。多くの動物は、他の生物を餌として食べて栄養にします。このような食べる-食べられるの関係は、生態系における物質循環やエネルギーの流れを担う食物連鎖と食物網（10章）を形成する重要な生物間相互作用です。食べる-食べられるの関係や寄生（栄養摂取する側の体が摂取される側に比べて小さい場合）は、適応度への強い効果を介して不利益を受ける側には防衛機構が進化します。負の影響を受ける種が絶滅しないのは、防衛機構の適応進化に加え、その関係が空間的時間的に限定されていることによっています。

## 7.1 消費者と餌生物の個体群動態

動物群集に関する食物連鎖や食物網の研究に触発された数学者のロトカとヴォルテラは、それらを構成する食べる-食べられるの関係に関する数理モデルを提案しました。

食べる-食べられるの関係における食べる側の消費者（動物を食べる捕食者を含む）は、餌が十分に得られれば栄養が満たされ、良好な成長・繁殖を通じて個体群成長を実現することができます。他方、餌として消費される生物は、消費者が多ければ餌食になる可能性が高くなり、死亡率が高まったり繁殖率が低下するなど、個体群成長には負の影響を被ります。そのような消費者と餌生物の関係がもたらす個体群動態を記述する単純なモデルがロトカ-ヴォルテラのモデル（ロトカ- ヴォルテラ式）です（93ページのコラム）。

しかし、実際には、消費者と餌生物の個体群動態には他の多くの要因が影響を与えるため、必ずしもこのモデルで個体群動態が把握できるわけではありません。それだけでなく、消費者は多種の餌生物を利用するのが普通です。消費者がどの餌生物を選択するかで、餌生物として可能性のある生物の組成には大きな影響がもたらされます。

## 7.2 消費者の戦略と効果

消費者には、効率よく栄養を摂取するためのさまざまな戦略がみられま

### column 餌生物と消費者の個体群動態：ロトカ-ヴォルテラモデル

餌生物（個体数 $N$）は消費者（個体数 $P$）がいなければ内的成長率 r で指数関数的に成長します。消費は、消費者と餌生物両方の密度に応じて一定の率 $a$ でおこると仮定すると、餌生物の個体群動態は消費を差し引くことで次のように表せます。

$$dN/dt = rN - aNP$$

消費者は、餌がなく飢えに苦しんでいる場合には、負の内的成長率 $q$ で指数関数的に減少すると仮定します。餌生物が得られれば消費した餌（$aNP$）に応じて一定の率 $f$ で個体数が増加する、とすれば、消費者の個体群動態は次のように表すことができます。

$$dP/dt = faNP - qP$$

消費者と餌生物それぞれの個体群が平衡状態にあるとき（成長も減少もしないとき：$dN/dt = 0$、$dP/dt = 0$）の個体数は次のようになります。

$$P = r/a$$
$$N = q/fa$$

これらの平衡値よりも個体数が多いときは個体数は減少し、少ないときには増加します。

す。餌生物の空間的な分布は、採餌戦略に大きな影響を与えます。

### 7.2.1　餌の選択

消費者による餌の選択は、選好性（好み）と餌の量・密度に依存し、消費者と餌生物の個体群動態は、その影響により大きく変動します。

消費者は、他の条件が同一であれば、採餌時間・コストあたりのエネルギーや必須元素の獲得量が大きい餌を選ぶと考えられます。また、それまで利用していた餌の密度が低くなると餌とする生物の種類を増やします。餌の利用には餌の獲得にかかわる行動から消化の効率に関する形態や生理などさまざまな適応が認められます。幅広く多様な餌生物を利用するように適応したジェネラリストと、特定の餌に特化したスペシャリストは、進化の過程で異なる餌選択の戦略を選んだともいえるでしょう。

最適採餌戦略説は、餌から栄養をとるのに費やすエネルギーと餌から栄養として得られるエネルギーの比較によって餌の選択や探索行動を説明します。大きく栄養価の高い餌でもそれを捕らえるのに大きなコストがかかるのであれば、小さくて質は劣るものの楽にとれる餌を選んだほうが有利になります。また、強い競争相手が存在する場合には、それが利用する餌を避けることも重要な採餌戦略となるでしょう（**図7-1**）。

餌生物が空間的に不均一に分布し、パッチ状に集中している場合、パッチを離れるタイミングは、パッチ間の距離に依存します。パッチが互いに近接していればパッチ間の移動にはコストがかからないので、頻繁にパッチのあいだを移動し餌をとることが有利ですが、距離が大きい場合には、採餌効率が多少悪くなっても１つのパッチに留まるほうが有利でしょう。

### 7.2.2　消費者がおよぼす非消費効果

消費者は、餌生物に消費そのもので負の影響、消費効果を与えるだけでなく、存在するだけで、餌生物に多様な生態的影響である非消費効果を与えることが知られています。捕食者が存在すると、身を潜めて餌を探索する活動を控えることは広くみられる非消費効果です。たとえば、バッタに

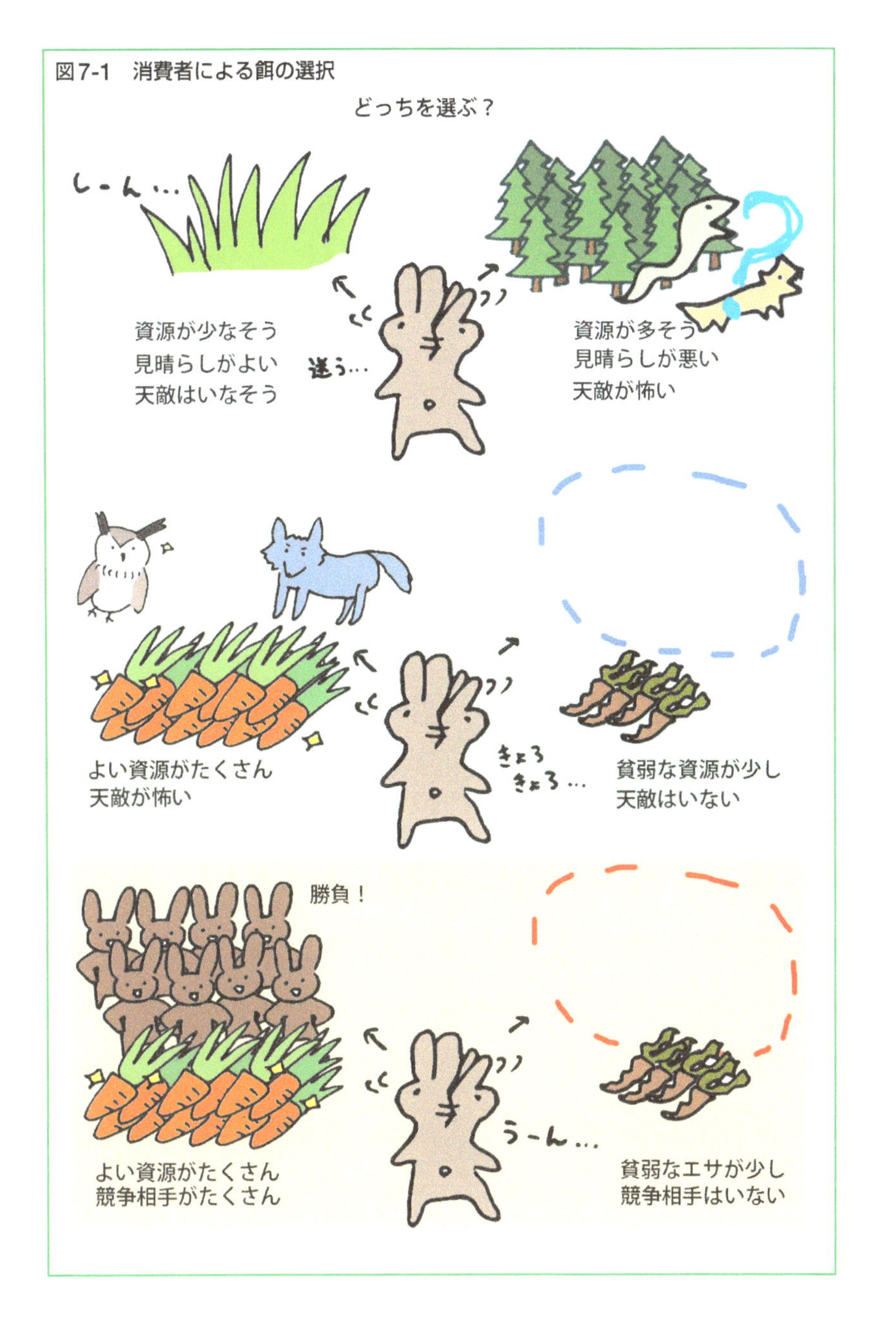


**図7-1　消費者による餌の選択**

よる草の消費量は、クモがいると低下します。生息場所を変えたり、捕食者にみつからないようにふるまうなどは一般的な効果ですが、ミジンコや

図7-2 非消費効果

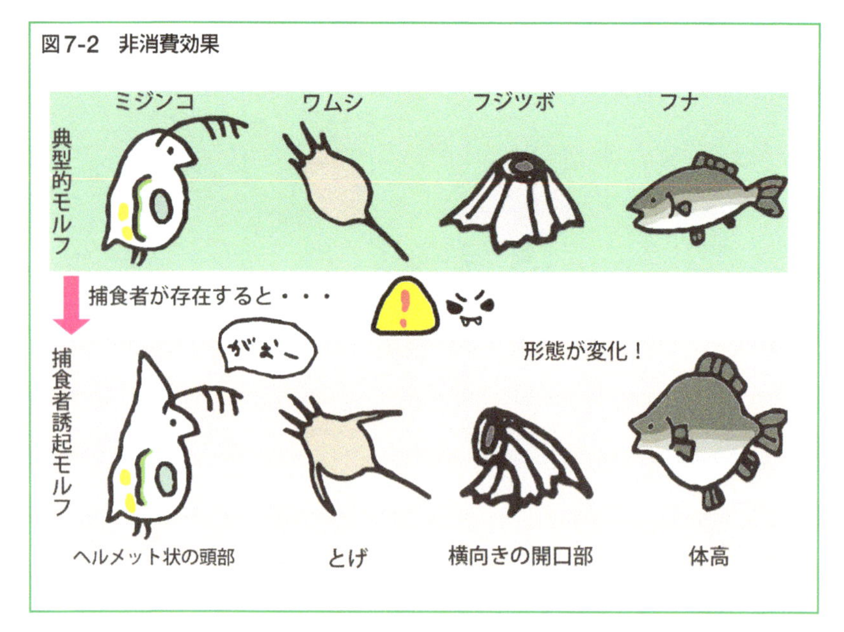


フジツボなどのように、捕食者の存在に応じて防衛のための形態の変化がみられるものもあります（**図7-2**）。

# 7.3 餌生物の戦略

## 7.3.1 消費者への適応：防御機構の進化

適応度にマイナスの影響を受ける餌生物は、食べられないように消費者である天敵に対する防御機構を進化させます。それは形態（外見）、武器（物理的構造）、毒（化学物質）、行動（逃避など）によるものなどさまざまです。

形態（色彩・質感）により背景に溶け込んだり、別の自然物にみえるように外観を変える擬態は、天敵の目をあざむくものとして多くの動物にみられる防衛戦略です。昆虫などのなかには、枯れ葉や小枝、鳥の糞などにそっくりに擬態するものも少なくありません。軟体動物のタコは色だけでなく乳頭突起により質感を瞬時に変えて巧みに背景にまぎれるだけでなく、「めくらまし」のスミを吐くことによっても天敵の目から逃れます。

図7-3 植物のさまざまな被食適応

## column アリによる防御

**セクロピア**（イラクサ科）、**アカシア**（マメ科）、**マカランガ**（トウダイグサ科）など、熱帯に生育する多くの植物が、アリに中空の棘や茎などすみかとなるドマチアと花外蜜腺からの蜜やグリコーゲンに富んだ固形の餌（ベルチアン体）を提供して、すまわせています。アリはコロニー（家族）にとって貴重な資源としてそれらを提供する植物を防衛します。消費者となる動物を追い払うだけでなく、競争者となりうる蔓植物なども積極的に排除します。アリは、ドマチアで育つ菌類を餌として利用することもあるとされています。

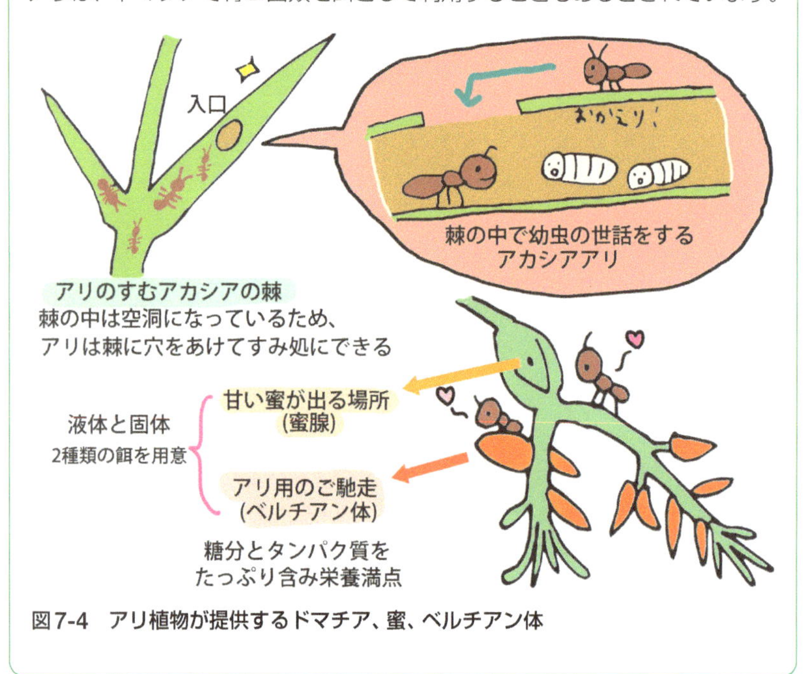


**図7-4 アリ植物が提供するドマチア、蜜、ベルチアン体**

生態系における一次生産者の植物は、食べられることが運命づけられているともいえ、葉や茎や根を食べ、汁を吸う多様な消費者に狙われます。しかし、野生の植物が食べ尽くされてしまうようなことはごくまれにしかおこりません。それは、植物が次のような物理的、化学的、生物的な防御手段を進化させているからです（**図7-3**）。

① 動物が消化しにくいセルロースやリグニンを多く含む細胞壁をもつ

② 毛、腺毛や棘を生やす、粘液を出すなど物理的手段で食害を防ぐ
③ 動物や微生物に毒作用をもつ化学物質（二次代謝物質）を含む
④ アリと共生して消費者を駆逐する

### 7.3.2　補償作用と食べられることへの適応

光など、植物にとっての資源が豊富な場所では、消費者に食べられることは、適応度にはほとんどマイナスの効果をもたらしません。光合成速度（10章）が光合成産物の利用速度（需要）によって制約されている場合（シンク制限）には、被食後の新たな葉やシュートの再生は、需要（シンク）の拡大を通じて光合成を促進するからです。

食べられて失われたシュートを再生する補償作用が植物体の受光体制を改善するなどによって適応度に大きなプラスの効果をもたらす例も知られています。**図7-5**には、リンドウ属の植物への食害を模した刈り取りが果実生産（適応度の指標）におよぼす影響が示されています。初夏に実験的な刈り取りをおこなうと、刈り取りをおこなわなかった対照の2倍以上の果実をつけ適応度にプラスの効果があることがわかりました。頂芽が除かれることで頂芽優勢による抑制が解かれ、側芽からシュートが伸びて広がり、光を多く吸収できる形態がつくれるからです。しかし、刈り取り時期が遅くなると刈り取りで失う多くのバイオマスを取り戻すことができず、果実の生産は対照よりも低下しました。ちょうどよい時期に食べられれば、被害はなく、むしろ適応度にプラスの効果がもたらされるのです。

シバなどのイネ科植物は、大型哺乳類の草食動物による採食に適応しており、成長にも繁殖にも食べられることが必要です。シバの成長点は地際にあり、そこから新しい葉がわき出すかのように出てきます。古い葉が食べられて除かれると、新しく出た葉にも十分に光があたり、植物体全体として高い生産力を維持できます。また、タネをつけた穂は葉にまざって形成されるので、タネは葉とともに動物に食べられて糞といっしょに分散されます。肥料つきでタネまきをしてもらえるのです（**図7-3**）。

図7-5　リンドウ属の植物への食害を模した刈り取りの果実生産（適応度の指標）への影響

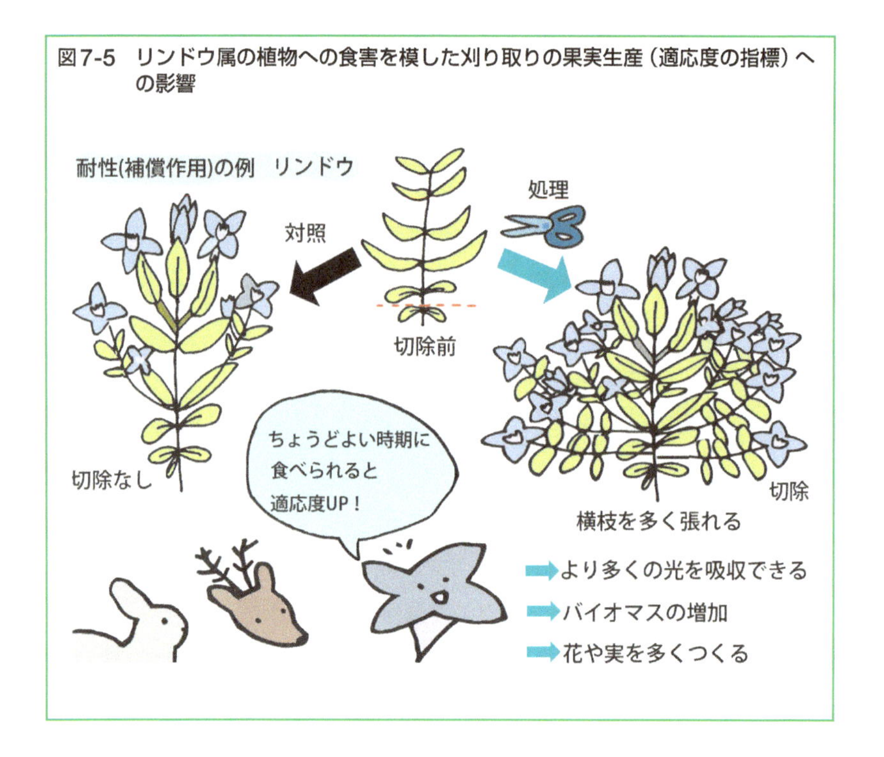


## column　防御に対抗する消費者の戦略

消費者は餌となる生物を食べなければ生きることができません。餌生物の防御に抗する手段を適応進化させることが必要です。

草食動物は、セルロースなどの難分解物質を分解するために消化管内に特別の微生物群集をすまわせています。植物食の昆虫は、毒のある化学物質を解毒する生理機構をもっています。

昆虫のなかには、植物の毒の影響を受けないだけでなく、その毒を自らの防衛に利用するものもいます。たとえば、北アメリカの**カバマダラ**は、幼虫の時期に食草のガガイモ科の植物から毒性の強いカルデノライドを摂取すると体内に貯め、成虫になってから天敵に対する防御に利用します。昼間、花で吸蜜する姿がみかけられる**ヒョウモンエダシャク**も、食草のアセビに含まれるアセボトキシンなどを幼虫が体内に選択的に蓄積し、天敵に対する防御に役立てています。

# 8章 競争とニッチ

**競争は、生態学では資源の奪いあいと定義されます（1章）。必要とする資源が共通しているほど、激しい競争が起こります。したがって、種間の競争よりも種内での競争はより激しいものとなります。一次生産者として、必要な資源の共通性が高い植物は、地上では光、地下では水と栄養塩をめぐって競争しています。**

## 8.1 資源独占の度合い

競争力の大きさは、資源独占の度合いで表すことができます。すなわち、資源獲得の結果を表すエネルギーやバイオマスの保有量の偏り・独占度として把握可能です。それは、ヒトの社会における所得や資産の配分の「公平さ／不公平さ」、すなわち格差の指標として用いられるローレンツ曲線とジニ係数で表すことができます。

ジニ係数は、種間、種内競争の結果としての資源占有の度合いを表す指標として有効です（**図 8-1**）。氾濫原で一斉に芽生えたオオブタクサでの測定では、芽生え期のジニ係数は 0.21 であるのに対して、競争が激化する成熟期のジニ係数は 0.63 でした。なお、現在、日本における所得格差のジニ係数は年々上昇しており、新興発展国や米国よりは小さいもののヨーロッパ諸国に比べて大きい値を示しています。

## 8.2 競争する 2 種の個体群動態

生態学の群集研究に関心を寄せた数学者のロトカとヴォルテラは、食べ

図8-1 ローレンツ曲線とジニ係数

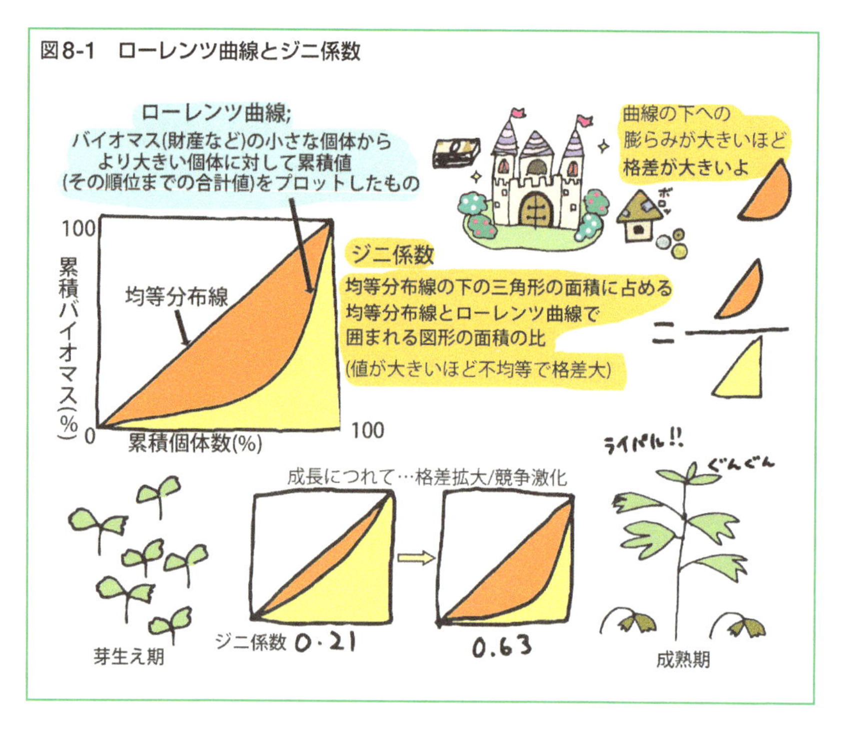


る - 食べられるの関係を取り入れた個体群動態の数理モデルに加えて、競争関係を考慮した個体群動態の数理モデルも提案しました。

競争関係にある2種（種1および種2）の個体群動態を記述する単純なモデルがロトカ-ヴォルテラの競争モデルです（106ページのコラム）。

## 8.3 競争排除則とニッチ

同じ資源をめぐって競争がある場面では、競争力の大きい種がその資源を独占してしまえば、それ以外の種は、そこでくらしていくことができません（**図8-2**）。それが、「同じ資源を利用する2種は共存できない」というガウゼの「競争排除則」（105ページのコラム）であり、群集の構成を説明する1つの基礎となります。

生物は特定の資源だけで生活が成り立つわけではありません。また、条件についても同様です。それぞれの生物種（個体群）が必要とする多様な資源と生存・繁殖が可能な環境条件の範囲を知ることは、種の分布、個体

**図8-2　競争排除**

群の変化、種間関係などを理解するうえで欠かせません。

生態的ニッチ（生態的地位）は、それぞれの種・個体群の餌などの資源や条件に関する要求性を総合したもので、それぞれの要求性を次元とした多次元空間にその範囲を図示することができます（**図8-3**）。

資源をめぐる競争がない場合を想定したニッチを基本ニッチ、競争がありそれによって狭められた現実のニッチを実現されたニッチとよびます（**図8-4**）。

競争排除則は、「同じニッチを利用する2種は共存できない」と表現されることもあります。

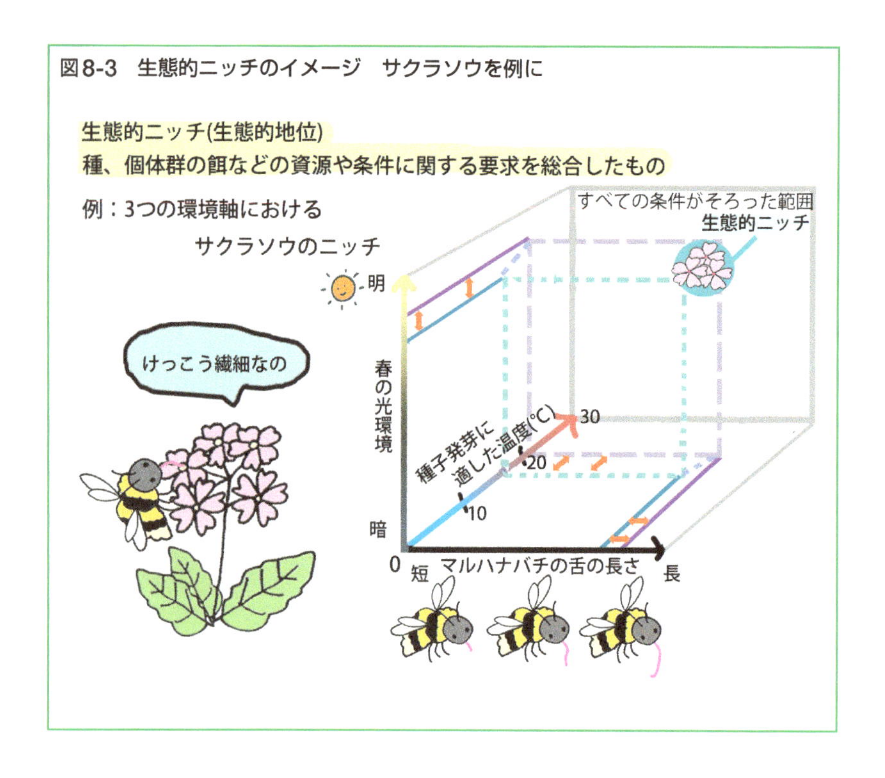


図8-3　生態的ニッチのイメージ　サクラソウを例に

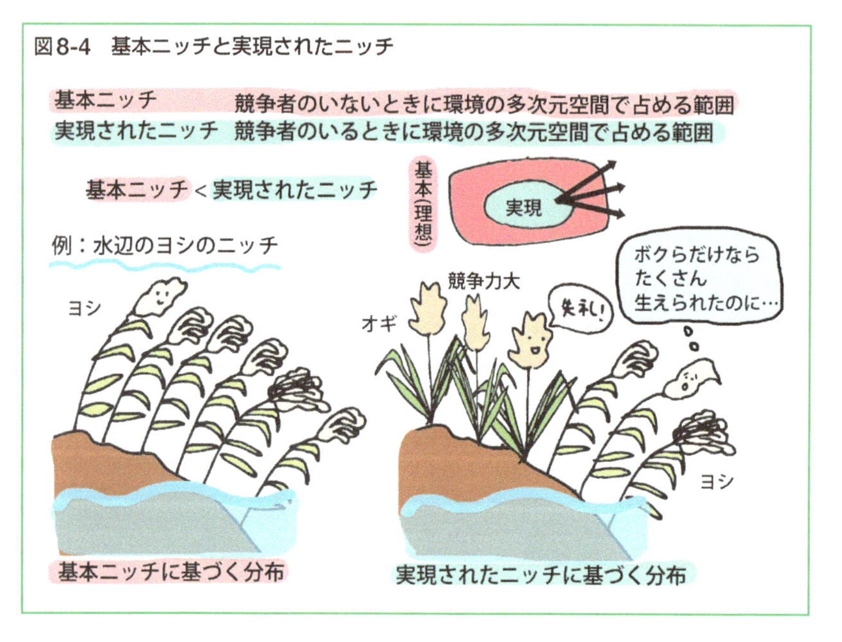


図8-4　基本ニッチと実現されたニッチ

### column　ガウゼの競争排除則

ガウゼは、数理モデルで示された個体群動態をフラスコの中でゾウリムシを用いて再現する研究をおこないました。同じ資源を利用する2種のゾウリムシ *Paramecium aurelia* と *P. caudatum* を餌や水を十分に与えていっしょに飼育すると *P. aurelia* のみが生き残ることをみいだしました。

単純な環境のもとでの特定の資源をめぐる競争においては競争力（資源を利用する能力）が優る1種のみが生き残り、他の種は排除してしまうという観察からは、「同じ資源を利用する2種は共存できない」という競争排除則が導かれました。競争の過程で時間経過とともにジニ係数が増加していき、最終的には1になることを意味しています。

競争排除則は、「同じニッチを占める2種は共存できないという」ニッチに関する法則に拡張されて用いられることもあります。

## 8.4　多種共存を可能にする原理

自然界では、競争排除として解釈される現象がみられるいっぽうで、同じニッチを占めているようにみえる種が共存していることも少なくありません。

多種の共存を説明するには、たとえば、競争力の強い種のほうが天敵の犠牲になりやすいなどといった競争排除の作用に抗する別の作用をみいだすことが必要です。また、競争の決着がつく前に「勝負を振り出しにもどす」攪乱がおこることも、競争に弱い種が排除されずに共存することの説明を可能にします。異なる資源の利用における優位性に逆の関係が認められること、時間的空間的に環境が変動することなどがあれば、共存を説明することができます。

また、一見、共通のニッチを占めているようにみえても、種間でニッチを分割して共存できるように相互に適応している例も観察されます。たとえば、マルハナバチの仲間は、舌の長さに応じて利用できる花の範囲が少しずつ異なり、それは餌に関するニッチ分割として解釈できます。

図8-5　多種共存を可能にする　資源利用の優劣の環境変動による変動

## column　ロトカ - ヴォルテラの競争モデル

競争のない場合の種１および種２の個体数 $N_1$ $N_2$ の時間あたりの変化は、それぞれの内的増加率 $r_1$ $r_2$、環境収容力 $K_1$ $K_2$ を用いて次のロジスティック式で表されます（５章）。

$$dN_1/dt = r_1N_1(K_1 - N_1)/K_1$$
$$dN_2/dt = r_2N_2(K_2 - N_2)/K_2$$

競争相手が存在するとその個体数に応じて成長に負の影響がおよびます。競争係数 $\alpha_{12}$ $\alpha_{21}$ を用いることで、種２による種１への負の影響は $\alpha_{12} N_2$、種１による種２への負の影響は $\alpha_{21} N_1$ と表すことができ、個体数変化は次の式のようになります。

$$dN_1/dt = r_1N_1(K_1 - N_1 - \alpha_{12} N_2)/K_1$$
$$dN_2/dt = r_2N_2(K_2 - N_2 - \alpha_{21} N_1)/K_2$$

# 9章 生物群集と生態系機能

生物群集は、同じ空間でくらし、生物間相互作用で直接・間接的につながっている生物種の集合です。生物群集を構成する種が絶滅したり、本来はそこに含まれていなかった種が新たに侵入すると、その種とのあいだに密接な関係をもっていた捕食者、餌生物、共生者、寄生者、宿主などに直接の影響がおよび、さらにそれらと関係を結んでいる種へと、間接的な影響の連鎖が広がっていきます。その影響は、絶滅、もしくは侵入する種の特性によって一様ではありません。

個体数に比して、その種の喪失や付加が群集へ大きな影響をもつ種がキーストン種です。

生物群集の大きな改変は、生態系の機能に変化をもたらし、生態系が潜在的に提供しうる生態系サービスにも変化が生じます。

## 9.1 絶滅・侵入する種の効果

群集の構成要素の生物種が絶滅、もしくは個体群の大幅な縮小などがおこると、その種と相互作用をもっていた種（捕食者、餌生物、共生者、寄生者、宿主など）への影響を介して群集全体に影響がおよびます。

群集に新たに種が侵入した場合にも群集の構造や機能が大きく変化することがあります。

侵入や絶滅により生産者の植物の優占種（合計バイオマスが大きい種など量的に優っている種）が変わると、それを直接消費する動物の種類や行動が大きく変化し、その影響はさらにそれらの捕食者にもおよびます。こ

**図9-1　ボトムアップ効果とトップダウン効果**

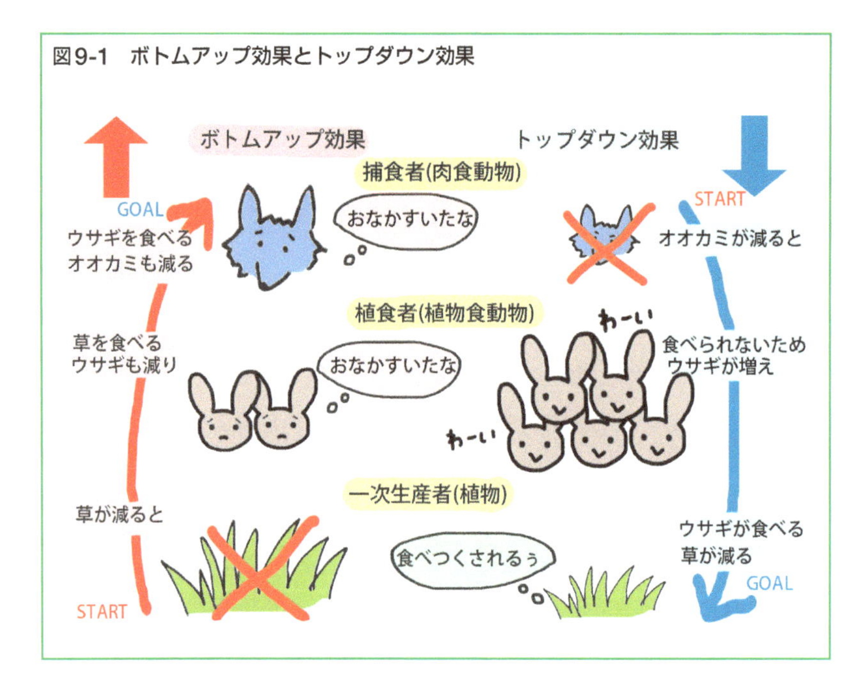


のように生産者が変わることで、食物連鎖を通じて消費者や捕食者などが変化して群集の組成が変わる効果をボトムアップ効果といいます（**図 9-1**）。

それに対して生態系の高次の捕食者や消費者が失われ、その下の栄養段階に変化がおこるのがトップダウン効果です。

高次の捕食者が失われると何種ものその餌生物に影響がおよび、さらにその餌生物に影響するというように、影響の連鎖が広がっていく様子は、滝にたとえてカスケード絶滅連鎖とよびます。失われた捕食者によるトップダウン制御がきかなくなることがその一因です。

群集から特定の種が失われたとき、あるいは侵入した際に種間関係の連鎖を介し、その存在量から推測されるよりも大きな変化をもたらす種をキーストン種といいます。

ペインは、北アメリカの岩礁潮間帯での野外実験によって**ヒトデ**が潮間帯群集におけるキーストン種であること明らかにしました（**図 9-2**）。生息空間としての岩の表面をめぐって競争関係にある固着性の**フジツボ**と**カリフォルニアイガイ**は、強力な捕食者のヒトデが存在していれば、その競争

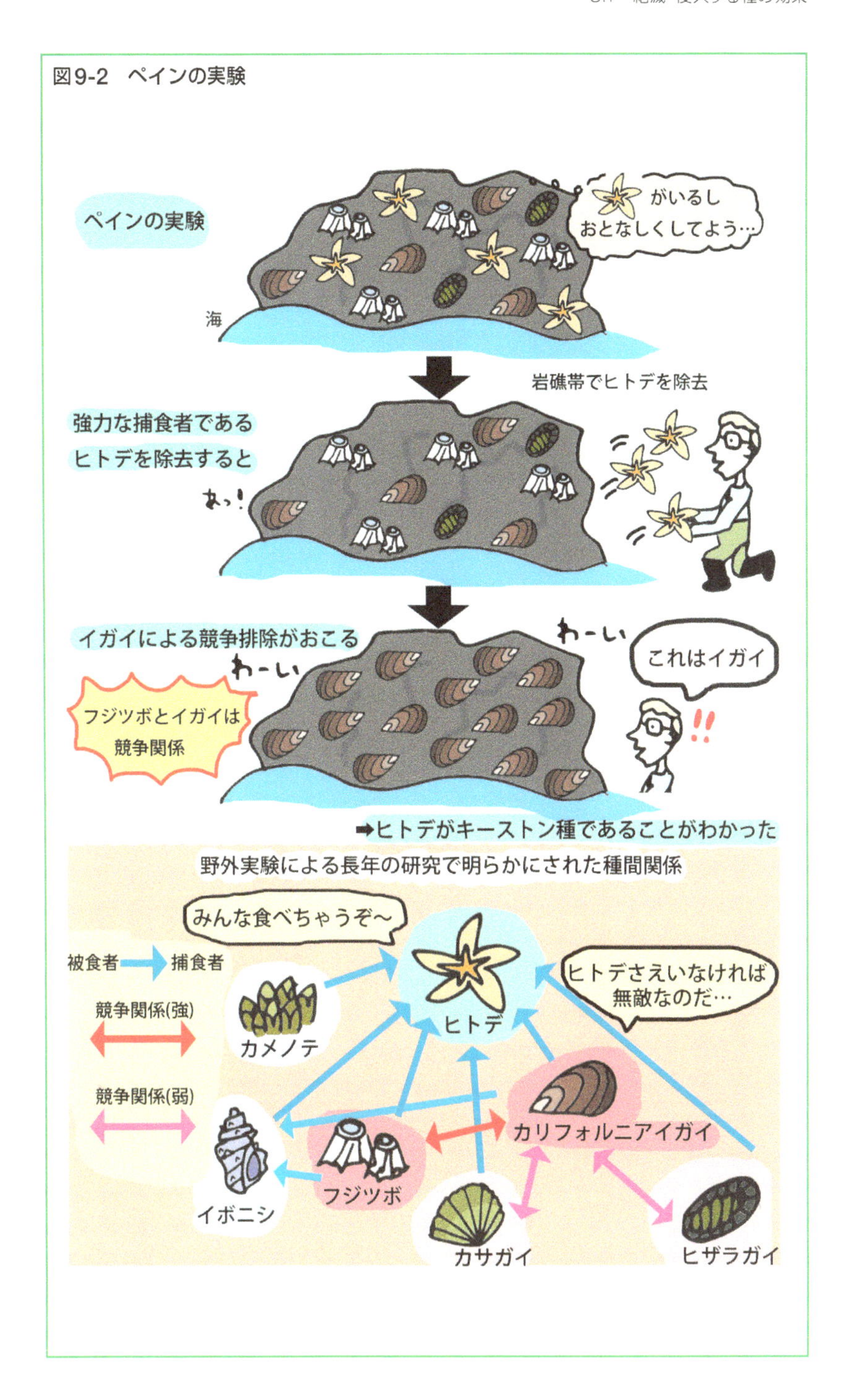
図9-2 ペインの実験
ペインの実験
がいるし
おとなしくしてよう…
海
岩礁帯でヒトデを除去
強力な捕食者である
ヒトデを除去すると
あっ！
イガイによる競争排除がおこる
わーい
わーい
これはイガイ
フジツボとイガイは
競争関係
➡ヒトデがキーストン種であることがわかった
野外実験による長年の研究で明らかにされた種間関係
みんな食べちゃうぞ～
被食者
捕食者
競争関係(強)
競争関係(弱)
ヒトデさえいなければ
無敵なのだ…
ヒトデ
カメノテ
カリフォルニアイガイ
イボニシ
フジツボ
カサガイ
ヒザラガイ

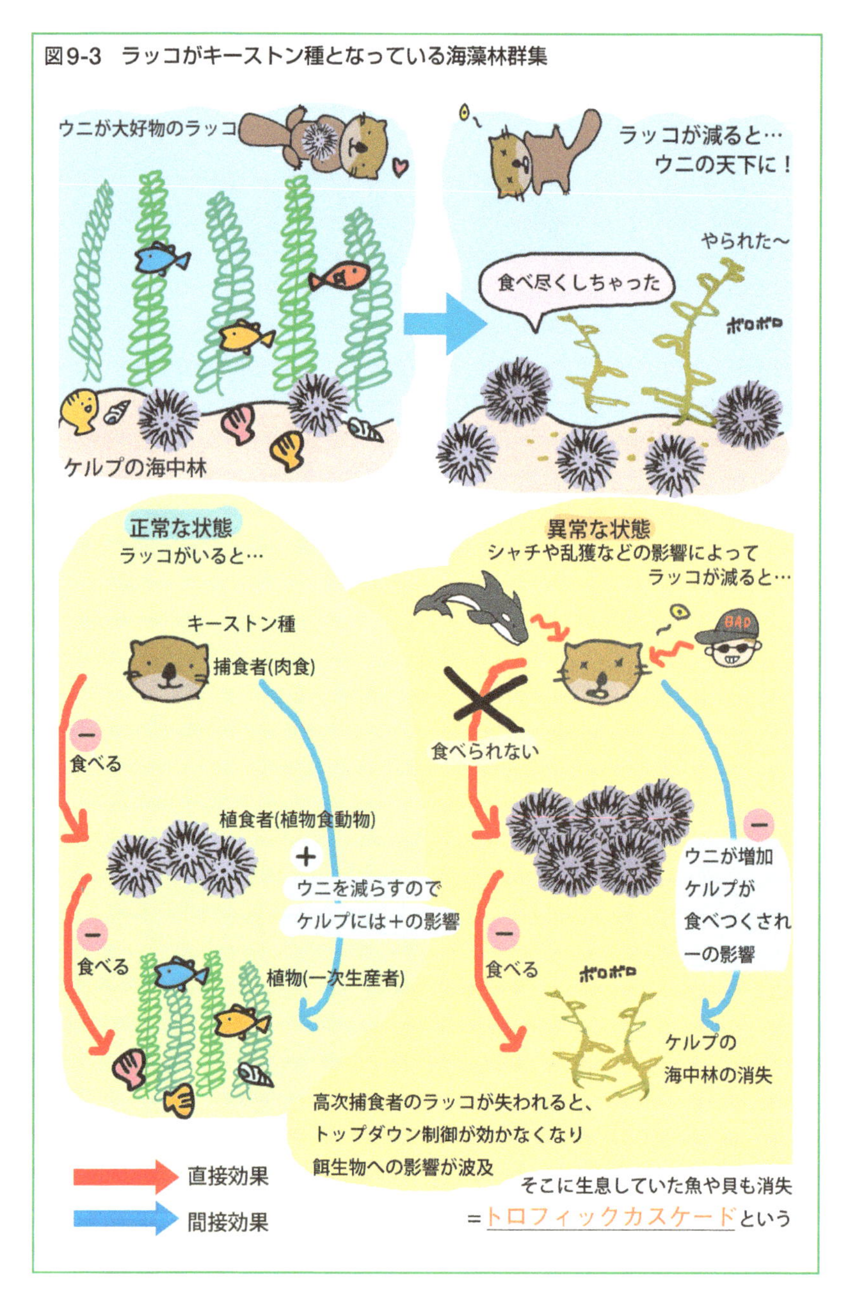


図9-3　ラッコがキーストン種となっている海藻林群集

は顕在化しません。しかし、ヒトデを実験的に排除すると、イガイによる競争排除がおこり岩礁をおおい尽くしてしまいました。それにより、生産者の藻類を含め、生物種が著しく減少しました。

高次の捕食者の喪失は、時として群集崩壊ともいうべき激変をもたらします。北太平洋沿岸の**ジャイアントケルプ**の海藻林では、乱獲などによって**ラッコ**が減少すると、その餌生物のウニが急激に増加し、ケルプの仮根を食い荒らし、海中林が破壊されました（**図 9-3**）。そこを生息場所としていた多くの魚や無脊椎動物の種がハビタットを失い、生物群集が大きく変化してしまいました。ラッコはこの生物群集では、その喪失がトップダウン効果により生物群集・生態系に甚大な効果をもたらすキーストン種だったのです。

## 9.2 生物学的侵入がもたらす群集の変化

それまで群集に含まれていなかった種が人間活動に伴ってもたらされることを生物学的侵入とよびます。経済がグローバル化した現在では、意図的であるか、非意図的であるかを問わず、人為による生物移動の頻度、規模、およびその影響は甚大なものとなっています。多くの地域の生物群集が侵入によって大きく変化しつつあります。

現代の人為的な生物学的侵入は、生物の自然の分布拡大や石器時代の人為による侵入（自然移入）とは、生態的には大きく異なる群集への影響としてとらえる必要があります（**表 9-1**）。

### 9.2.1 外来種の優位性

特定の地域の生物群集に外から導入される生物種（生物）を外来種（外来生物）とよびます。本来の生息地域の外で定着に成功する外来種は、原産地の生物群集で関係をもっていた病害生物や天敵の影響から免れることができるため適応度を高く保つことができます。原産地では考えられないほど競争力や繁殖力が大きくなるその現象を生態的解放といいます。

外来植物の中には、原産地よりも植物体（バイオマス）や成長速度などが顕著に大きくなる観察例が多く、生態的解放によるものと解釈されています。

**表9-1　自然移入と現代の生物学的侵入との違い**

| 特　性 | 自然移入 | 人為による侵入 |
| --- | --- | --- |
| 長距離分散事例の頻度 | きわめて低い | きわめて高い |
| 地理的障壁の効果 | 強い | ほとんど問題にならない |
| 侵入のメカニズムと分散ルートの多様性 | 低い | きわめて大きい |
| 侵入事象の時空間スケール | 散発的、近隣地域に限定 | 連続的、同時に多地域に影響 |
| 生物相均質化効果 | リージョナル | グローバル |
| 他のストレス要因との相乗効果 | 低い | きわめて高い |

（Ricciardi, 2007 より改変）

生物学的侵入：現代の絶滅をもたらす要因として影響大
自然移入（自然の分布拡大や石器時代の人為がもたらした侵入）と現代の人為的な生物学的侵入は、生態的に異なる現象としてとらえるべき

たとえば、**オオブタクサ**や**アレチウリ**など、北アメリカ原産の植物が日本の河川氾濫原で猛威をふるういっぽうで、北アメリカでは、**クズ**、**イシミカワ**、**マンリョウ**などがもっとも厄介な侵略的外来種となっていることは、外来種（本来の生育地を離れ新たな生態系に定着した種）は、原産地におけるその種とは、生態学的には異なる特性をもつ種としてとらえなければならないことを示唆しています。

生態的に解放され、大きな競争力や繁殖力をもつようになった外来種が侵入先の生物群集において同様のニッチ（8章）を占める在来種を群集から競争排除することを通じて、大きな影響をおよぼす例は少なくありません。

## 9.2.2　在来生物群集への影響

外来種は、捕食者、寄生者、競争者などとして在来種に拮抗的な生物間相互作用で適応度に負の効果をもたらします。進化の歴史を共有していれば、拮抗的な相互作用における弱い側になんらかの防御手段が進化することで、その関係は「進化的に調整ずみ」です。しかし、現代の生物学的侵

入は、そのような拮抗的な生物間相互作用を突然成立させ、侵略的外来種が在来種を食べ尽くしたり、重篤な病気を引きおこして局所絶滅をもたらす可能性があります。

競争力の大きい外来植物が在来植物に置き換わって優占種になると、動物にとっての生息環境も食物網も変化することで、生物群集も大きく変化します。緑化植物の**シナダレスズメガヤ**や**ハリエンジュ**が、本来は植生がまばらにしか発達しない砂礫質の河原に侵入して草原化や樹林化を引きおこします（**図 9-4**）。植生において優占種となる外来植物は、食物連鎖、腐食連鎖（10.2.1）、動物の生息場所としての植生の構造などを変化させ、生物群集をまったく異なるものに変え、生態系の機能に大きな変化をもたらします。

外来種による在来種の局所絶滅（群集からの消失）がおこれば、二次絶滅やカスケード的な絶滅をもたらす可能性があります。食性の広い捕食者や消費者の侵入で生物群集が短期間のうちに改変されることは、日本列島の淡水生態系が**ブラックバス**、**アメリカザリガニ**、**ウシガエル**などの侵入でレジームシフト（相転移：生態系が別の状態に移行すること）ともいえるような劇的な変化をおこしていること、小笠原において**グリーンアノール**が昆虫相に壊滅的な打撃をもたらしたことなどの実例をみることができます。

外来種が他の外来生物の侵入や分布拡大を促進する効果をもたらすと、在来種からなる生物群集から外来種ばかりの生物群集への加速的な変化、侵入メルトダウンがおこることがあります。たとえば、新大陸に多くのヨーロッパ産の雑草が蔓延しているのは、ヨーロッパからの入植に際して、ユーラシア大陸産のウシ、ブタ、ヒツジ、ヤギなどが導入され、草原の生物群集におけるキーストン種になったことによる侵入メルトダウンであると解釈することができます。

## 9.3　群集と生態系の機能

生態系は、生物群集に光や水など、生物の生活に影響する非生物環境の

図9-4　緑化植物が改変する河原の生物群集

要素を含むシステムです。システムは、要素と関係の集合を意味しますが、生態系は生物群集を構成する生物種と無生物環境要素、それらのあいだの

関係の集合です。生態系のはたらきにとって、生物間相互作用が重要な役割を果たします。

### column 外来種の侵略性

開発、環境汚染、富栄養化など、人為的に大きく改変された環境のもとでは、在来種からなる既存の生物群集は存続できません。在来種の多くは改変された環境に適応していないからです。そのため在来の生物群集が崩壊した後の環境には、空きニッチが多く存在し、外来種の侵入が容易です。たとえば、開発によって生じた明るく乾燥しがちで富栄養化した環境に適応している外来植物は、定着に成功して侵略的外来種としてふるまいがちです。

外来種が侵入（個体群の確立）に成功するかどうかは、そのような生物的な性質だけでなく、人為的な導入量や導入回数などの散布体圧の影響を受けると考えられます。繰り返し大量に導入される外来種は、次にあげる理由により、定着に成功し、高い侵略性をもつ可能性が高いといえます。

①散布体圧が大きければ、定着にいたるまでのプロセスにおいて小さな個体群ゆえの失敗すなわち絶滅を回避できる。

②繰り返し導入がなされることは、何度も「試す」ことを通じて確率的なリスクを乗り越えることができる。

侵略性は、生態的解放にもとづく外来種の優位性に加えて、「自然選択による適応」によって強化されます。世代時間の短い一年生植物や昆虫などの侵略性には、侵入先の環境へのすみやかな適応が重要な役割を果たします。同じ種の異なる系統が繰り返し導入されれば、適応的な形質に十分な遺伝的変異が保証され、侵入先の環境における適応進化がおこりやすくなります。

それが、穀物の輸入量の多い日本では非意図的に導入される穀物畑の雑草が侵略性の高い外来種となりやすいことや、穀物を積んできた船に日本から積み込まれるバラスト水でワカメなどの海藻が穀物輸出国の沿岸域において侵略的な外来種になることの理由です。

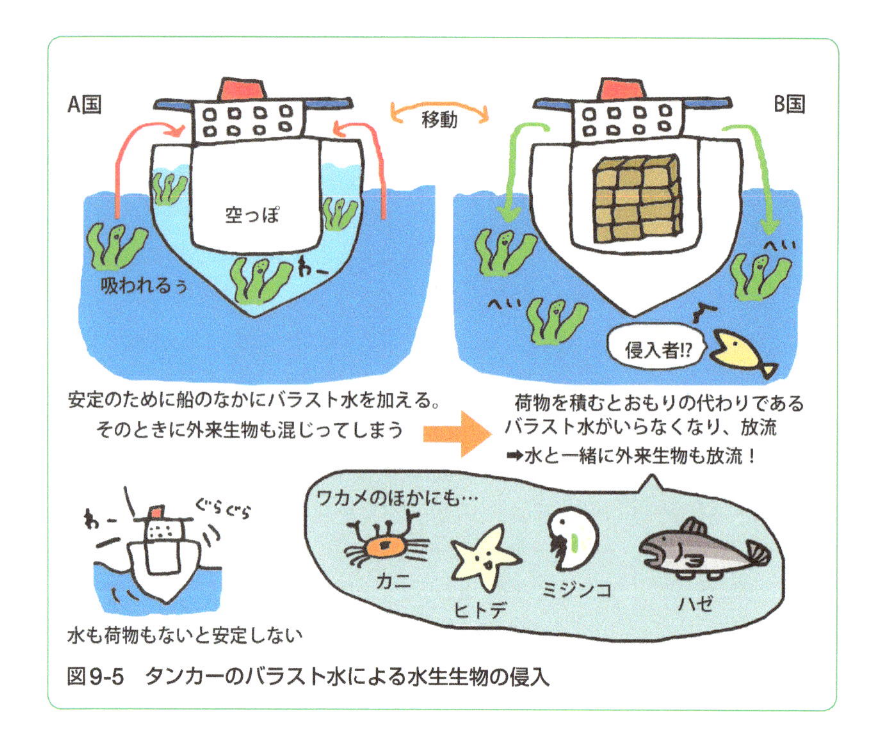


図9-5　タンカーのバラスト水による水生生物の侵入

## 9.3.1　機能群と生態系サービス

生態系がそのさまざまな機能を通じて人間に提供している物質的、経済的、社会的、精神的なあらゆるサービスが生態系サービスです。生態系サービスは、人間社会におけるその利益の性質から、基盤サービス、供給サービス、調整サービス、文化的サービスに分類されます（**図9-6**）。

多様な生態系サービスを持続的に供給しうる生物群集は、そのなかに、働き方（機能）の異なる多様な種群（機能群）を含んでいます。それらの種群は、その特性に応じて異なるサービスに寄与します。

## 9.3.2　群集の種多様性がもたらす生産性と安定性

群集における種の多様性は、生態系サービスの安定的な供給にとっても重要です。

植生における植物種の多様性が高いほど一次生産などの生態系機能に優

図9-6　生態系サービスの分類

れ、環境が変動してもその機能が安定的に発揮されることに関しては、すでにダーウィンが、数属のイネ科草本を混合して生育させると大きな生産が確保されることを著書「種の起源」に記しています。そのことを大規模な長期的実験で実証し、理論的にも説明したのは、アメリカ合衆国の生態学研究者のティルマンです。

実験では、植生を構成する種の多様性は、光合成による一次生産などの生態系の機能や安定性に寄与することが明らかにされました。

種の多様性が高いと機能と安定性において優れている理由として、ティルマンは、次のものをあげています。

①種の多様性が高いと、その環境に適応して大きな生産力をもつ種が含まれている可能性がある。

②種の多様性が高ければ、光合成生産に関して異なる戦略をもつ種が含まれており、環境の時間的空間的変動に対して植生全体として高い生産力を維持できる。

③種の多様性が高いと、水、栄養塩（窒素やリンなどの元素を含む生物に必要な塩類）などの資源の利用において異なる戦略をもつ種が組みあわされ、資源を余すところなく利用できる。

④同一の種が密集して生えていると病原生物は広がりやすい。種多様性の高い植生ほど病気の影響を受けにくい。

ティルマンらが実験を実施した草原において、植物の生育を制限しているのは土壌の無機窒素化合物不足でした。多様性の高い実験区では無機窒素がより完璧に利用されていることが示されました。

実験地の近隣の自然草原でも、植物の生産性と土壌窒素の利用性が、種の多様性とともに増加していることが確かめられました。

種の多様性がもたらす安定性は、干ばつに対する抵抗性（変化しにくい性質）や復帰可能性（変化してももとに戻る性質、レジリエンス）においても認められました。

これらの特性が種の多様性にどのように依存するのかは、飽和型の曲線で表されますが（**図 9-7**）、それは、種が減少するにつれて１種が失われることの重みが増すことを意味します。

種の多様性が高いほど安定的に機能が発揮できるのは、同じ機能群に属す種が複数存在すれば、なんらかの理由で種が失われても、同じ機能をもつ他の種が代わってその役割を担うことができる（代替性）からです。

多様な植物からなる植生を、栽培植物のモノカルチャー（同じ種類の植物だけを植える単一栽培）の単純で人工的な環境に変えると、土壌浸食（降

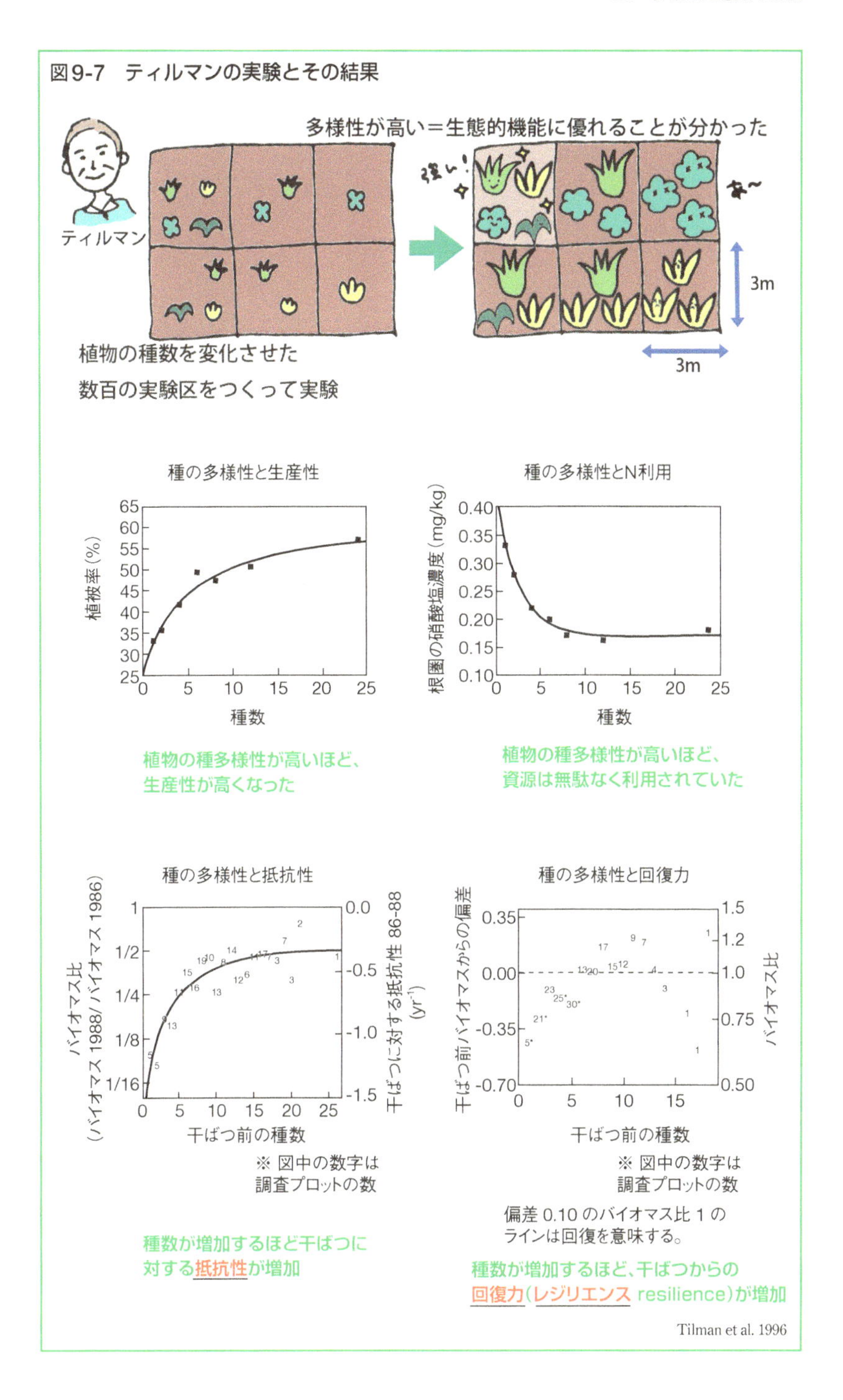
図9-7 ティルマンの実験とその結果
多様性が高い＝生態的機能に優れることが分かった
ティルマン
植物の種数を変化させた
数百の実験区をつくって実験
3m
3m
種の多様性と生産性
植被率（%）
種数
植物の種多様性が高いほど、
生産性が高くなった
種の多様性とN利用
根圏の硝酸塩濃度（mg/kg）
種数
植物の種多様性が高いほど、
資源は無駄なく利用されていた
種の多様性と抵抗性
バイオマス比
（バイオマス1988/バイオマス1986）
干ばつに対する抵抗性 86-88
干ばつ前の種数
※ 図中の数字は
調査プロットの数
種数が増加するほど干ばつに
対する抵抗性が増加
種の多様性と回復力
干ばつ前バイオマスからの偏差
バイオマス比
干ばつ前の種数
※ 図中の数字は
調査プロットの数
偏差 0.10 のバイオマス比 1 の
ラインは回復を意味する。
種数が増加するほど、干ばつからの
回復力（レジリエンス resilience）が増加
Tilman et al. 1996

## column 森林における植物の多様性と生産

日本では人工林の比率が高く、自然林があまり残されていません。植樹した樹木のモノカルチャーの人工林とは異なり、自然林では高木層から地表近くの下層までの何層かからなる階層構造が発達しています。

図9-8 樹木の多様性と生態系サービス

上層に葉を展開する高木は葉を日のよく当たる明るい環境に展開しているのに対して、低木層をつくる植物は木漏れ日などの弱い光を利用して光合成をおこないます。光利用特性の異なる種群が共存することで、森林に降り注ぐ太陽光は無駄なく利用されます。

地下においても、土壌表層に根を広げる種群と土壌のより深い層に根を伸ばす種群が共存すれば、水や栄養塩を無駄なく利用することができます。それぞれの階層に多様な植物が生育していれば、生物間相互作用（6章）を介して、それぞれの植物を利用する多様な昆虫や動物、分解者である微生物などに餌やすみ場所を提供します。多様な種群が相互に作用しあうことで、多様で複雑な機能が生み出されます。

雨や風の影響で栄養豊かな土壌が失われること）により生態系の機能不全や不安定化を招く可能性があることは、北アメリカでプレーリーを開拓して形成された肥沃な農業地帯が100年もたたないうちに激しい砂嵐に見舞われるようになり、広大な農地が放棄されたことからも明らかです。

日本の里地里山（さとやま）のような性質の異なる生態系の組みあわせからなる複合生態系は、それぞれの生態系に含まれる機能群が異なることから、多くの生態系サービスのセットを提供することができます。

# 10章 生態系の機能と生産

生態系の主要なはたらき（機能）としては、バイオマス生産、物質循環、エネルギーの流れなどをあげることができます。それらの機能における役割から、生物は生産者、消費者、分解者に分けられます。

生産者は、光合成や化学合成によってバイオマスを生産し、生態系のすべての生物をエネルギー・栄養の面からささえます。その役割を担うのは植物や細菌です。

消費者は、生産者や他の消費者を食べることで栄養を得る生物で、多くの動物がその役割を担います。そのうち、他の動物を餌にする動物を捕食者とよびます。

分解者は、生産者や消費者の遺体から栄養をとる無脊椎動物や微生物であり、有機物を分解して生産者が利用できる栄養塩にすることで物質循環を担います。

## 10.1 光合成による一次生産

植物プランクトンや地衣類、コケ、維管束植物など生産者の光合成は、生態系に太陽放射のエネルギーを取り入れる一次生産を担います。生産された糖などの化学エネルギーは、深海など化学合成が一次生産となる特殊な生態系の一部の例外を除くあらゆる生態系のすべての生物の生活を支えています。

光合成および化学合成をする生産者は独立栄養生物であり、バイオマス（乾燥重量で測定：有機物）を生産し、消費者や分解者は、それらを呼吸で分解することにより生活に必要なエネルギーを得る従属栄養生物です。

### 10.1.1 光合成の代謝反応

光合成では、太陽の光エネルギーがクロロフィルなどの色素に吸収され、葉緑体の生体膜に存在する光化学系によりATPとNADPHの化学エネルギー・還元力に変換され、それらを用いて有機物が合成されます。

他方、動物・植物・微生物を問わず生物の細胞で営まれる呼吸は、有機物の化学エネルギーからATPの化学エネルギーと還元力を生成する反応です。光合成生産物および呼吸基質を糖・炭水化物とすると、光合成（→）、および好気呼吸（←）の反応式は**図 10-1** に示したように逆方向の反応として表すことができます。

光合成では、二酸化炭素、水、硝酸塩、アンモニウム塩、リン酸塩などの無機化合物から、炭水化物、脂質、タンパク質、核酸などの生体高分子の構成成分であるアミノ酸、糖、ヌクレオチドなどが合成されます。

陸上植物の葉における光合成は、葉肉細胞に含まれる細胞内器官の葉緑体が担います。いっぽうで、好気呼吸を担うのはミトコンドリアです。

ミトコンドリアと葉緑体は、独立生活を営む原核生物が、真核生物の進化の過程で細胞内に共生して細胞内器官となったものです（59ページのコラム）。

### 10.1.2 光合成における光の利用

太陽光（短波放射）のうち、光合成に有効なのは400～700 nmの波長帯の光合成有効放射です（**図 10-2**）。

光が不足すれば十分に光合成ができませんが、夏の晴れた日の昼間の強い光は、細胞内の光合成装置に有害な作用（強光阻害）を引き起こす可能性があります。適切に光を受容するための適応および順化は植物の光合成生産にとって重要な意義をもっています。

強い光に適応・順化した葉（陽葉）は、柵状組織が発達して厚く、光合成色素を多く含んでいます。それに対して、弱い光に適応・順化した葉（陰

図10-1　光合成と呼吸、光合成装置

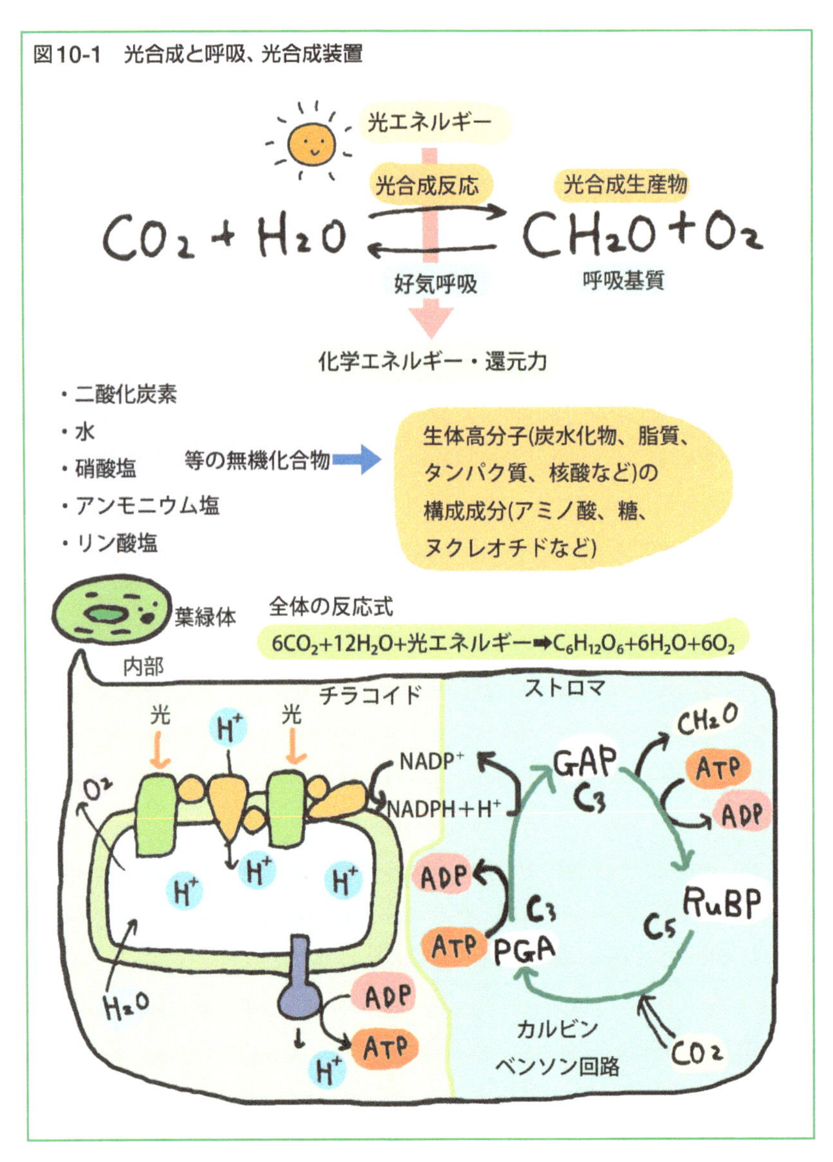


葉）は、葉面積に比して薄く、光合成色素の含量が少ないという特徴があります。植物体における葉の配置や傾きなどは、効率よく光を受け、あるいは強すぎる光を避けるうえで重要な受光調整のための特性です。太陽の動きに応じて葉の傾きを調節する植物もみられます。

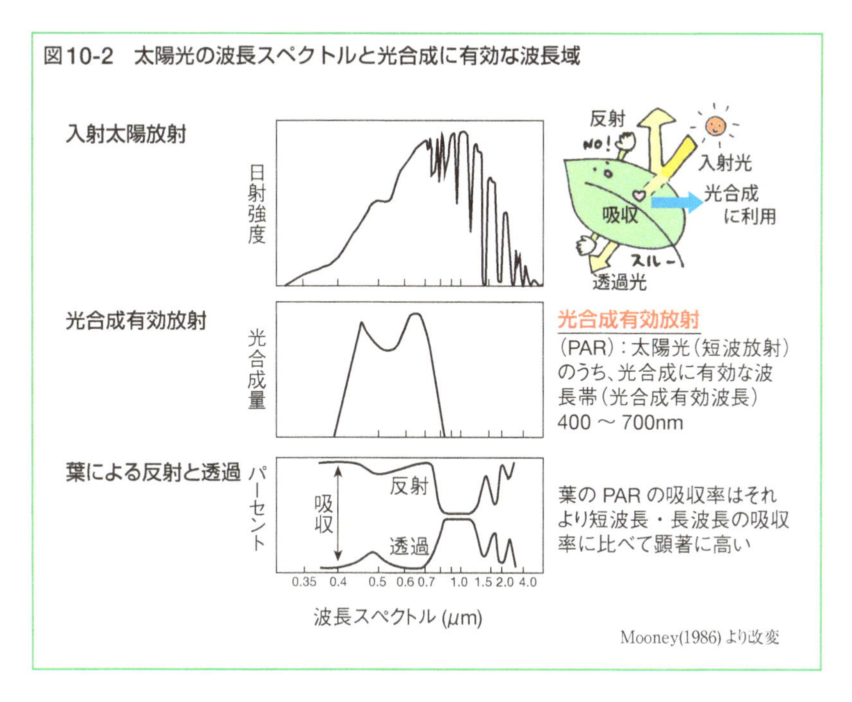


## 10.1.3　光合成能力の生態的特性

植物の種やそれが生育する環境によって、光合成の特性は大きく異なります。その違いは、光量に対する葉の光合成速度の応答を示す光 - 光合成曲線や光合成能力（光飽和した条件のもとでの光合成速度）によって把握できます（**図10-3**）。

光合成能力は、一般的には、木本植物よりは草本植物、陰地植物（遷移の後期に出現する植物や林床植物など）よりは陽地植物（遷移の先駆植物など）で大きい傾向があります。

葉の寿命と光合成速度や窒素濃度などとのあいだには明瞭な相関関係が認められます。資源に恵まれた環境のもとで光合成を盛んにおこなう葉は、窒素分が多く、薄く、寿命が短いのに対して、生産性の低いストレス環境におかれた植物の葉は、窒素分が少なく、厚くて寿命が長く、光合成速度が小さい傾向があります。

このような相関関係は、光合成における炭酸固定に重要な役割を果たす

図10-3　生態の異なる植物の光合成－光曲線

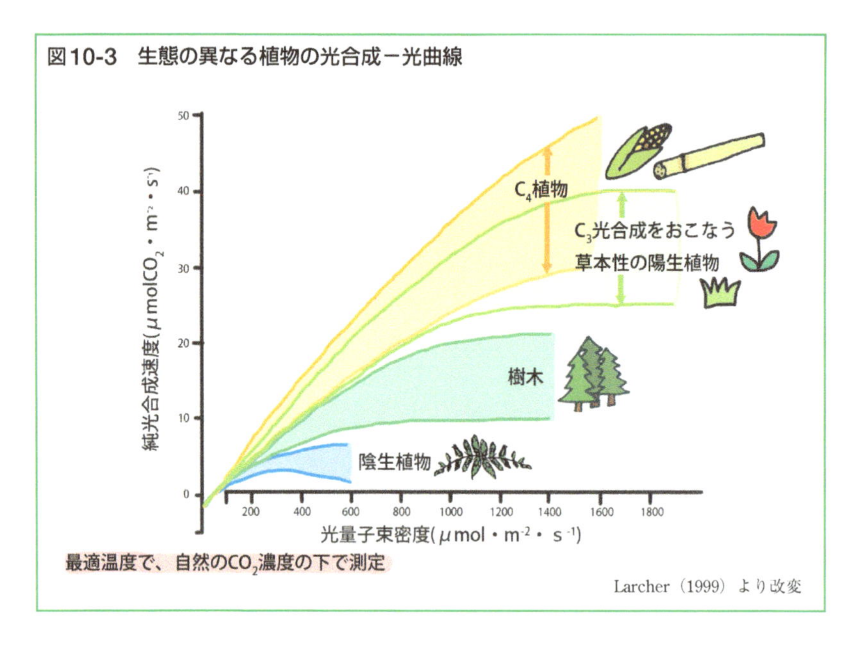


最適温度で、自然の$CO_2$濃度の下で測定

Larcher（1999）より改変

Rubisco（リブロース２リン酸カルボキシラーゼ・オキシゲナーゼ）が葉のタンパク質含量において高い比率を占めており、窒素含量が光合成に関与する酵素系や光合成装置の相対的な大きさを反映していることを示しています。光合成装置の維持にはコストがかかり、呼吸速度が大きくなるので、生産性の低い環境では光合成能力をむしろ低く保ちコストを低く抑えることが適応的であるといえます。

## 10.1.4　水・栄養塩の利用

光合成には光のほか、水や栄養塩が必要です。水や栄養塩は、根で吸収され葉に運ばれます。水や栄養塩を吸収する根の吸収表面の大きさや広がり方は、種の生態や生育環境によって異なります。

根の吸収表面は細かい根毛により拡大され、さらに、菌類と共生して菌根を形成することでより大きく広げられています。

水は、光合成の原料であるだけでなく、重力に抗して根から葉へ栄養塩などを運ぶ媒体としても重要で、根毛から導管や仮導管を介して葉の気孔まで連続する水の流れ、蒸散流が形成されています。光合成に使われる水

## column　光合成と光呼吸

光合成の炭酸固定を担う Rubisco は、炭酸固定（カルボキシラーゼ反応）だけでなく、オキシゲナーゼ反応も触媒する酵素であり、光呼吸にも関与します。$CO_2$ を固定して糖をつくるカルボン回路は、炭素を化学的に還元する代謝回路であり、光呼吸は逆に炭素を酸化する代謝経路ですが、Rubisco は、その両方に関与します。正反対ともいえる 2 つの活性のバランスは、酸素分圧と二酸化炭素分圧の比および温度によって決まり、酸素分圧が低く温度が高いほどオキシゲナーゼ活性が大きくなります。

葉の内部と大気との気体の交換は気孔によって調節されています。乾燥した条件下での水分喪失を防ぐために気孔が閉じられると $CO_2$ が十分取り込めず、葉内の $CO_2$ 濃度が低くなり、Rubisco のオキシゲナーゼ活性が高まって光呼吸が優勢になります。温度が高い場合も同様です。

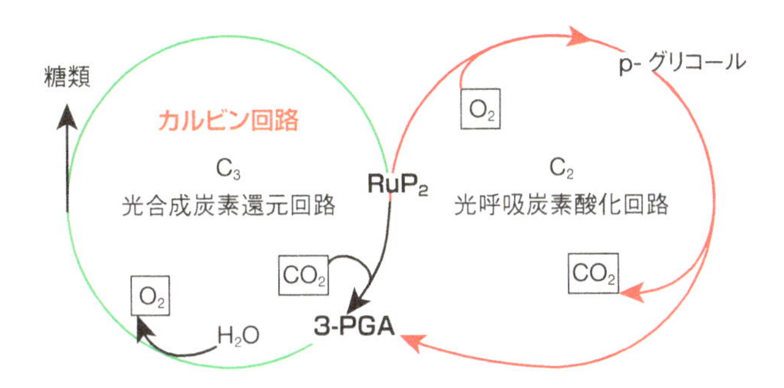


2 つの回路の活性のバランスは、酸素分圧と二酸化炭素分圧の比および温度で決まる。酸素分圧／温度が高いとオキシゲナーゼが活性化。

**図10-4　Rubiscoがつなぐ2つの光合成と光呼吸の代謝回路**

熱帯地域や温暖な乾燥地域のイネ科植物などにみられる $C_4$ 植物は、高温・乾燥条件下でも光合成ができるように PEP カルボキシラーゼが重要な役割を果たす $CO_2$ 濃縮機構を適応進化させています。二酸化炭素分圧が低くても炭素固定を触媒できる PEP カルボキシラーゼで $CO_2$ を固定してリンゴ酸などの $C_4$ 有機酸を生産し、それを葉内の維管束鞘に輸送して $CO_2$ を発生させ、Rubisco のまわりの $CO_2$ 濃度を高く保ちカルボキシラーゼ活性を維持して光合成を行います（**図 10-5**）。多肉植物の CAM 植物は、同じ酵素系を用いて気温の高い昼間には気孔を閉じ、気温の下がる夜にだけ気孔を開いて $CO_2$ を $C_4$ 有機酸に固定して液胞に貯めます。昼間、脱炭酸して葉内の二酸化炭素濃度を高く維持して光合成をおこないます。

このような二酸化炭素濃縮のしくみをもたない温帯や寒帯の植物は、直接 Rubisco により $C_3$ 有機酸であるホスホグリセリン酸を合成するので $C_3$ 植物とよばれます。

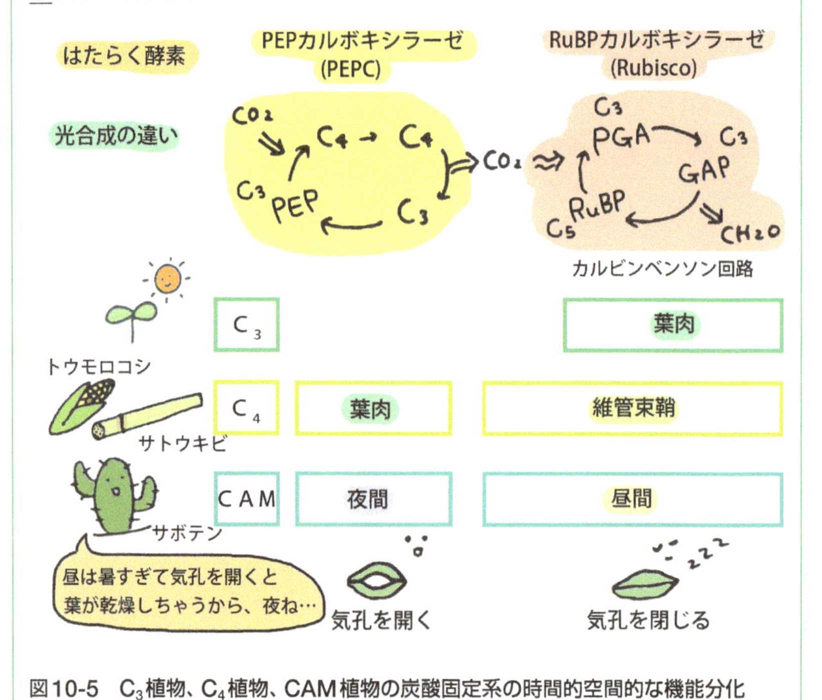


図10-5 $C_3$植物、$C_4$植物、CAM植物の炭酸固定系の時間的空間的な機能分化

の量に比べ、気孔から蒸散される水の量のほうが何倍も多いのが普通です。

蒸散の調節は気孔の開閉によっておこなわれます。気孔を閉じて蒸散を抑制すると二酸化炭素の取り入れが制限され、葉内の二酸化炭素濃度が低くなります。$C_4$ 植物と CAM 植物にみられる二酸化炭素濃縮機構（コラム）は、このジレンマを解消するための適応進化です。光合成で固定される二酸化炭素のモル数と蒸散で使われる水のモル数の比である水利用効率は、$C_3$ 植物よりも $C_4$ 植物や CAM 植物で格段に大きく、これらの植物が水を節約しながら光合成をしていることがわかります。

## 10.2 物質循環とエネルギーの流れ

物質循環とエネルギーの流れは、前章で学んだ一次生産に加えて生態系のもっとも基本的な機能です。今日では、人間活動の影響を大きく受けて地域においても地球規模でも大きく変化しています。

### 10.2.1　食物連鎖・食物網と物質循環

生物間の食べる - 食べられるの関係で構成されている食物連鎖と食物網は、生態系のなかでのエネルギーの流れや炭素、窒素、リンなど元素の循環といった生態系機能を担います。

生態系における食べる - 食べられるの関係（6章）の直線的なつながりは鎖にたとえて食物連鎖とよびます。湖や池では、一次生産者の植物プランクトンを食べるのは動物プランクトンです。それを食べた小さい魚が大きな魚に食べられる連鎖がみられます（**図 10-6**）。水田では、イネとともに一次生産者となる雑草を食植性の昆虫が食べ、それを肉食性のクモや鳥が食べる連鎖がみられます（**図 10-7**）。それぞれの生物は、エネルギーの流れや物質循環における役割によって、**図 10-6** に示したように栄養段階に位置づけられます。

生産者が生産した有機物は、1段ずつ上の栄養段階の消費者に利用され、エネルギーとともに生物の体を構成している元素が受け渡されていきます。

炭素、窒素、リンなどの元素は、生産者が無機物から有機物に取り入れ、生態系のなかを循環します。いっぽう、エネルギーは、生物の利用に伴って最終的には熱エネルギーとなり、生態系の外に放出されます。

食物連鎖の出発点は、光合成で有機物を生産する生産者です。それを餌にする植食動物が一次消費者、さらにそれを餌にする二次消費者というように、消費者は、生産者から数えた段階の次数で区別されます。生産者からもっとも高次の消費者までの段階の数を食物連鎖長とよびます。

実際の生物群集では、食べる - 食べられるの関係は複雑で錯綜していま

図10-6　栄養段階がつらなる食物連鎖

図10-7　水田の食物網

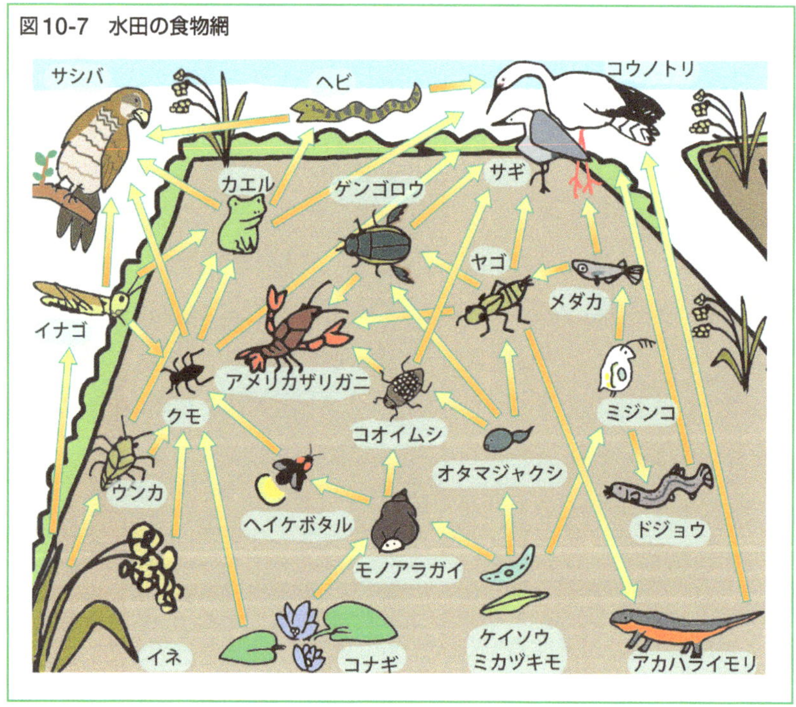

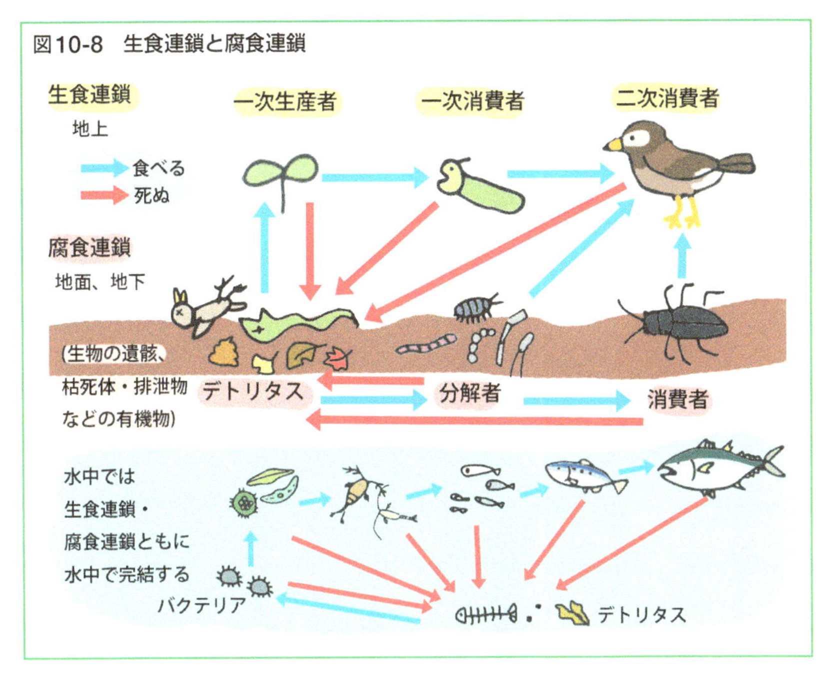


**図10-8　生食連鎖と腐食連鎖**

す。ある生物は何種類もの餌を食べ、何種類ものより高次の消費者の餌となるからです。その関係を線で結んで表すと網のような構造となり、食物網（**図 10-7**）とよびます。

食物連鎖には2つのタイプがあります。いっぽうは、生産者から出発して生きている生物体が順次食べられることによる生食連鎖、もういっぽうは、生物の枯死体（落葉や枯れ草）などの有機物であるデトリタスからはじまる腐食連鎖であり、土壌動物や微生物が担います（**図 10-8**）。陸上では、生食連鎖はおもに地上で、腐食連鎖はおもに地表面や地下というように別の空間で営まれますが、水域では同じ空間に両方の連鎖がみられます。

## 10.2.2　炭素循環

地球規模の炭素循環には生物の作用に加えて、物理化学的作用、人間活動が関与します（**図 10-9**）。

生物の作用としては、光合成と呼吸が主要な作用です。大気中の二酸化炭素の炭素は、陸域の植物や水域の植物プランクトンなどの生産者の光合

図10-9　炭素の循環

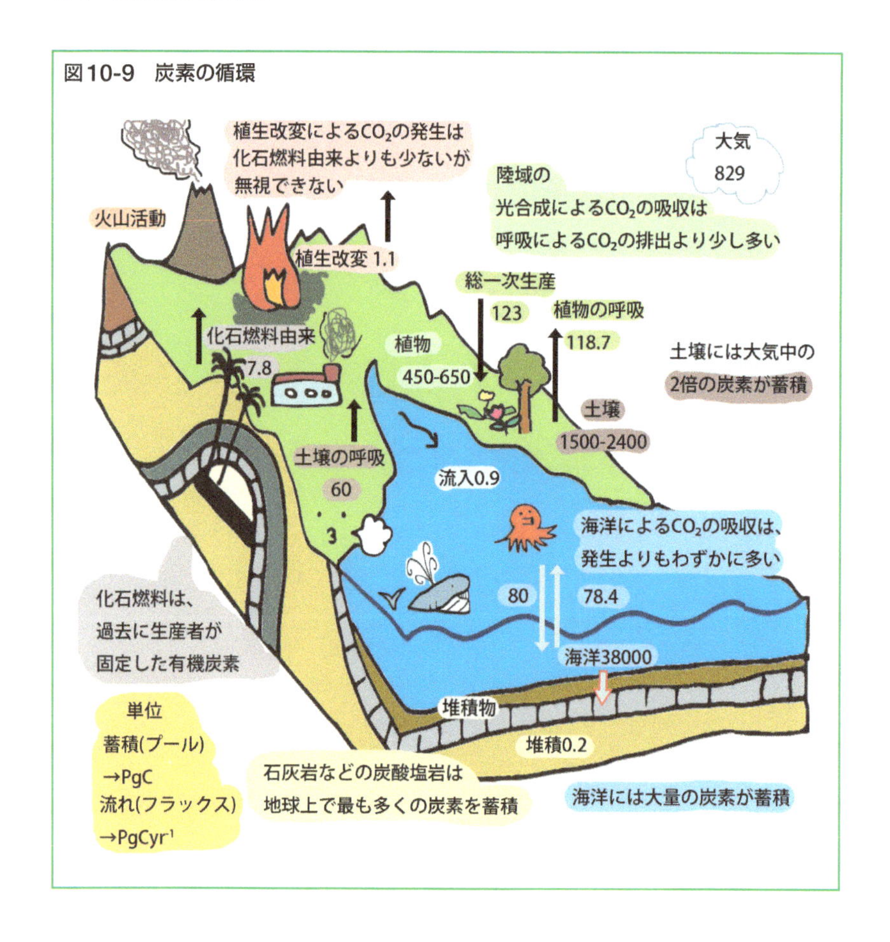


成によって有機物に取り込まれ、生産者と消費者の呼吸により再び大気中に二酸化炭素として戻されます。それ以外は、生物体やデトリタス、泥炭などの形で陸域や水域の生態系に貯留されたり、海底の堆積物となります。物理化学的な作用は、有機物が河川などの水流で湖や海に流されたり、大気と水（おもに海洋）のあいだで二酸化炭素が交換されたり、野火によって二酸化炭素が大気へ放出されたりします。

近年では、炭素循環への人間活動の干渉が大きくなっています。石油・石炭・天然ガスなどの化石燃料の燃焼、および森林の伐採や湿地の農地としての開発などによって、土壌中に蓄積されていた有機炭素が二酸化炭素として大気中へ放出される割合が大きくなっているからです（**図10-10**）。

大気中に放出された二酸化炭素の一部は、光合成や海での物理化学作用で植生や海水に取り込まれます。現在では、人間活動によってそれらの作用が低下しています。化石燃料の燃焼による二酸化炭素の放出により、大気中の二酸化炭素の濃度は、産業革命以降、増加の一途をたどっており、それが主要な原因である地球温暖化が進行しています（13 章）。

**図10-10　二酸化炭素の排出と吸収（IPCC第5次評価報告書2013）**

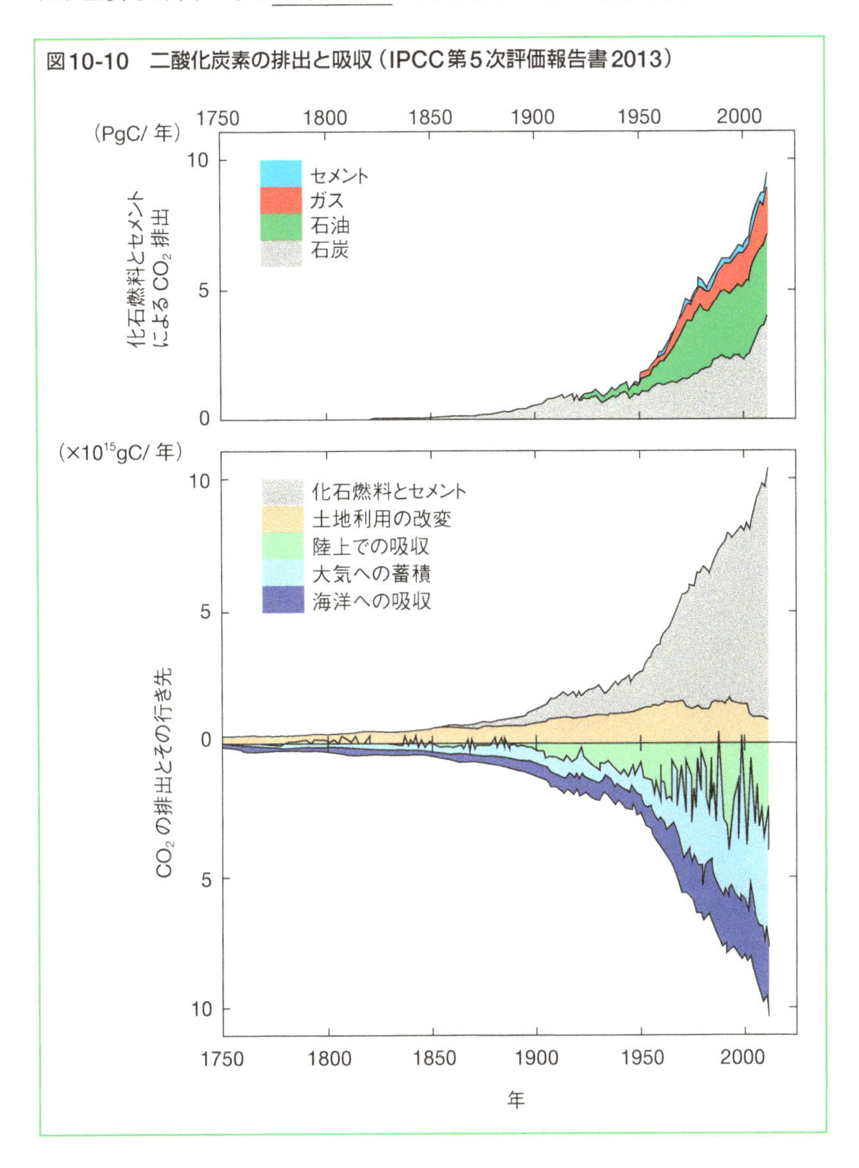

### 10.2.3　物質循環：窒素・リン

生物の体を構成する元素としては、炭素とともに、タンパク質を構成するアミノ酸や核酸をつくる窒素、核酸やリン脂質などの成分であるリンが重要です。窒素とリンも、生物の作用に加え、物理化学的な作用と人間活動によって循環しています（**図 10-11**）。

窒素は、$N_2$（窒素ガス）として大気中に大量に存在しますが、$N_2$ ガスを直接利用できる生物は限られています。根粒菌やシアノバクテリア（ラン藻）などが、$N_2$ ガスを生物が利用可能な化合物に変換する窒素固定の能力をもっています。

大気中の $N_2$ は、雷など物理化学作用でも硝酸塩に固定されます。

近年、大気中の $N_2$ を $H_2$ と直接化合させてアンモニアを工業的に合成す

**図 10-11　窒素の循環**

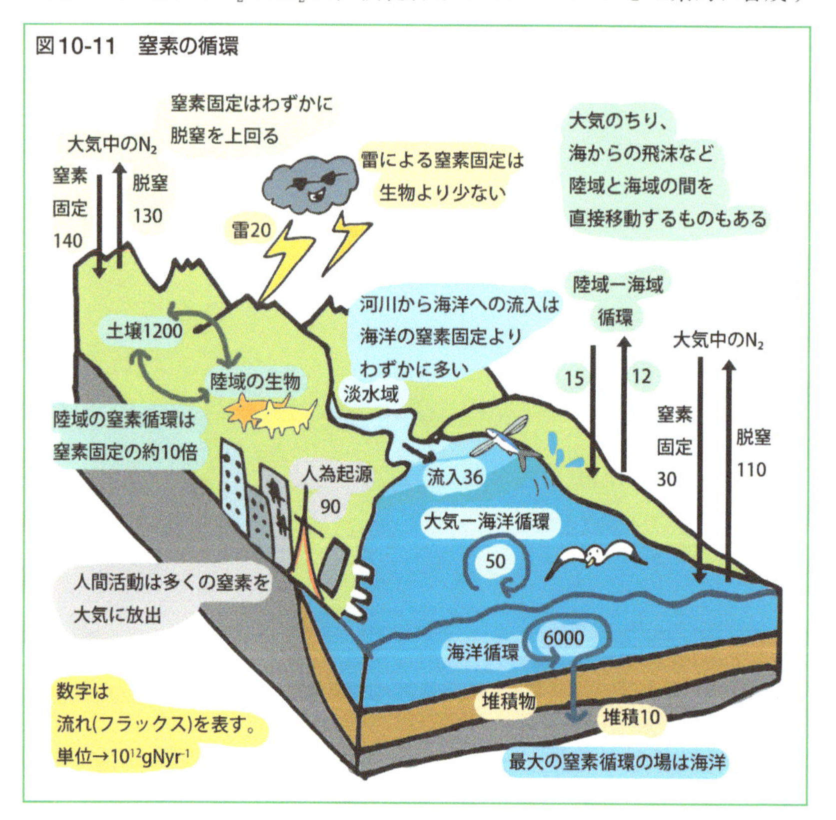

るハーバー・ボッシュ法での化学肥料の生産が盛んになっています。そのため、生物が利用可能な窒素が半世紀にも満たない期間に2倍化しました。化学肥料として農地に投入された窒素はすべてが作物に吸収されるわけではなく、多くが水溶性の化合物として川や湖沼に流出し富栄養化の問題を引きおこします。化石燃料の燃焼による窒素酸化物の排出も、生物が利用可能な窒素を増やします。

生産者が有機物に取り入れた窒素は、食べる - 食べられるの関係により、次第に高次の消費者へと受け渡されていきます。

有機物は、微生物によって無機の窒素化合物に戻されます（無機化）。さらに一部の無機窒素化合物は、微生物の脱窒作用で再び窒素ガスとなり大気に戻されます。

リンの循環でも、現在では、生物の作用や物理化学的な作用に比べて人為的な干渉が大きくなっています。リン鉱石やグアノ（鳥の糞由来の化石）から製造した化学肥料が農地に投入されますが、作物に吸収されなかったリンは、最終的には農地から流出して、富栄養化の問題を引きおこします。

### column 食物網解析

食物網は、季節や場所により大きく変動します。ある生物がある期間にどのような餌を食べて成長したかは、炭素と窒素の安定同位体を用いた食物網解析で把握できます。炭素（原子番号 6）の原子は質量数が 12 ですが、わずかに質量数 13 の炭素が安定同位体として存在しています。窒素原子（原子番号 7）も質量数 14 の窒素原子のほかにわずかに質量数が 15 の安定同位体が存在します。

炭素も窒素も、餌よりもそれを食べた消費者で質量数の多い（重い）安定同位体（13C・15N）の比率が高まります。消化・代謝・成長の過程で、質量数が異なる原子の選別がおこることがその理由です。その傾向は特に窒素で顕著です。食物網解析では、生物体のこれら安定同位体の比率（12C/13C、14N/15N）を調べます。

# 11章 生態系の時間的空間的変動

生態系は大小さまざまな攪乱を受けることで時間的・空間的にも変動します。動植物は、その生息・生育地域の自然の攪乱に適応したさまざまな戦略をもっています。攪乱をもたらす外力としては、台風や山火事など自然の要因に加えて、人間活動も大きな役割を果たします。近年では、森林伐採などの人間活動が主要な攪乱要因となっています。

## 11.1 攪乱と遷移がつくるモザイク

攪乱によって植生が失われた場合の植生回復は、その場所に残されている生物学的遺産である栄養体や種子（土壌シードバンク）および攪乱後に外部から移入する種子などの個体によって担われます。それら供給源から個体が十分に供給されれば、比較的すみやかに植生は回復します。自然性の高い森林が伐採されたあとに回復する森林は二次林とよばれます。

大規模な攪乱を受けて植生が失われた場所の環境は、強光、高温、乾燥、大きな温度変化などのストレス（4章）が大きいため、最初に定着するのは、明るい環境特有のそれらストレスに適応した種です。それ以降、供給源からの個体の供給、種間の競争、ある種の存在が他の種の生育を助けるファシリテーションの効果、さらには偶然の効果も加わり、植生の発達と種組成の変化が続きます。攪乱後の植生の変化を遷移とよびます。

人間活動を免れている原生的な森林は、いろいろな時期に自然の攪乱を受けた後に植生が回復した異なる遷移段階のパッチのモザイクともいえます。時間とともにそれぞれのパッチの植生は変化し移り変わっていくので、それはシフティングモザイクとよばれます。

現在では、土地利用や人間活動が生態系の時空間変動をもたらすもっとも大きな要因となっています。

## 11.2 さとやまと生物多様性

農業の近代化・大規模化以前には、多くの農業地域で、集落と農地のまわりに樹林、草原、湿地などの生物資源の採集地や放牧地を配した伝統的なモザイク状の土地利用が文化的景観（さとやま）をつくっていました。日本のさとやま（里地・里山）の複合生態系は、集落・水田のまわりに薪炭林や農用林、茅場などの半自然草原、植林地、農地、ため池などが配置されたものです。

ヒトのもっとも古くからの営みである採集の場を含むこのような複合生態系は、多様なハビタットの存在に加え、ヒトの採集利用と管理が適度な攪乱を与えることで高い生物多様性が維持されていました。そこではα多様性とβ多様性が高いのが特徴です。

北アメリカの植生を広く調査したウイッタカーは、地域の種の多様性（植物の種数など）の要因としてα、β、γの3つの多様性をあげました。α多様性はハビタット（生息・生育場所）内の多様性（種数）、β多様性はハビタット間の多様性、すなわち、多様な生育・生息環境があることによる多様性、γ多様性は地理的・地史的な背景によりそこで見いだせる可能性のある種のすべて、すなわち、地域のフロラ（植物相）やファウナ（動物相）に含まれるすべての種の多様性を意味します。

日本のさとやまのγ多様性は、日本列島の地史や火山列島としてのなりたちともかかわるフロラやファウナの豊かさによります。β多様性は、森林、草原、水田・ため池を含む湿地、用水路を含む流水域など、異なるタイプの植生と水域が組みあわされたモザイクであることで高く保たれています。それら異なるハビタットが接していることは、2つ以上の異なるハビタットを利用する両生類や猛禽類などの生息を可能にします。

さとやまの生物資源の採集地でのα多様性の高さを説明するのは中程度

図 11-1　中程度攪乱説による種数と攪乱の関係の例　サンゴ礁の場合

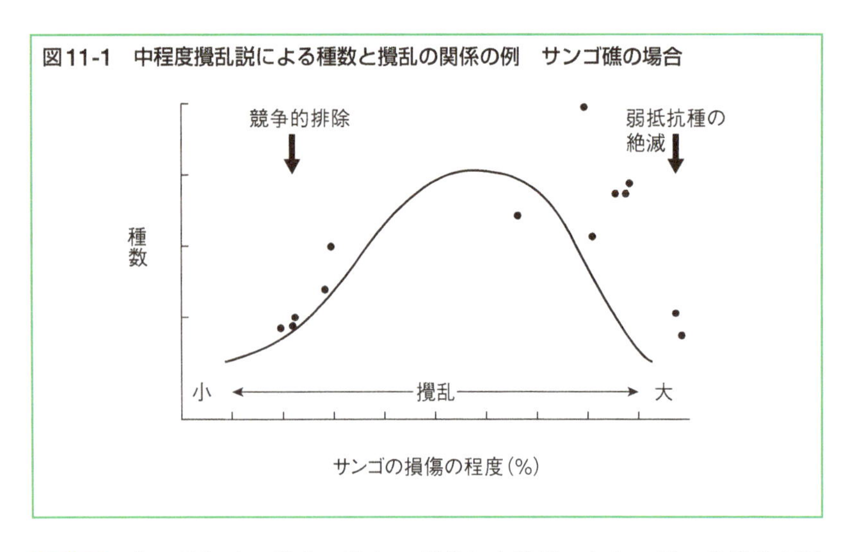


攪乱説です。それは、攪乱の強さや頻度が中程度のときに種の多様性が最大になるとする仮説です（**図 11-1**）。生物資源を採集する草原・湿地や樹林地では、採集や利用のための火入れなどの管理が適度な攪乱をもたらすことで$\alpha$多様性が高いと考えることができます。

## column　さとやまの樹林と草原

さとやまの主要な樹林、里山林は、薪や炭の原料をとる薪炭林や肥料にする枝葉や堆肥用の落ち葉を採集する農用林で、雑木林とよばれることもあります。自然の森林を伐採した後に成立する**ミズナラ、コナラ、クヌギ、スダジイ**などの広葉樹の二次林、尾根筋などの貧栄養な土壌や地下水が停滞する過湿地、海岸近くに多くみられるマツ林などが、かつては薪や松葉を採集する場でした。ミズナラ林だけでなくブナ林が薪炭林として利用された地域もあります。広葉樹林は、季節に応じてキノコや山菜などを採集する場でもありました。

コナラ属の樹木には、切り株から多くの萌芽枝を出す性質があるため、繰り返し伐採利用するのに適しています。関東地方の薪炭林の**コナラ**は、15～30 年程度の周期で伐採されました（**図 11-2**）。周期的に部分的伐採がおこなわれる樹林は、萌芽後の樹齢が異なる林分（パッチ）のモザイクとなります。

利用されていた雑木林には全体として樹液がよく出る若い木が多く、樹液を利用する**カブトムシ**や**オオムラサキ**などの昆虫の生息に適しています。

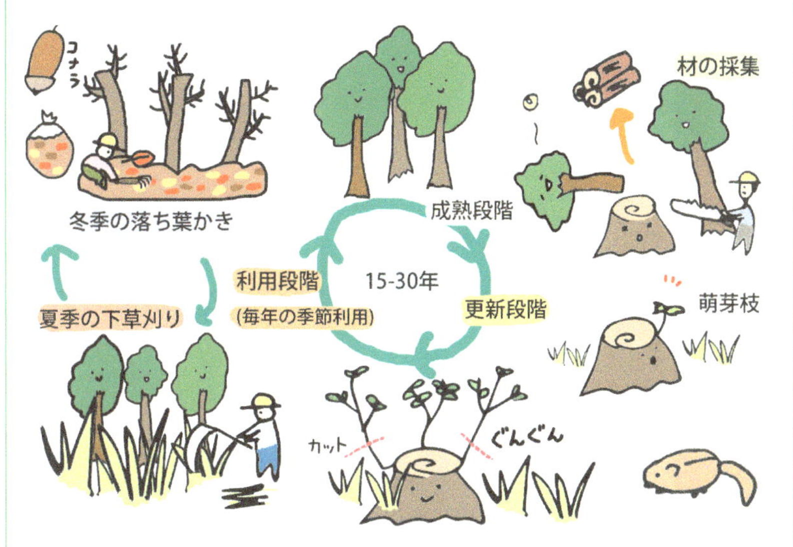


**図11-2　関東地方の薪炭林の標準的な伐採周期**

定期的に下草が刈られ、落ち葉かきがなされる落葉樹の林では、樹木が葉を開く前の早春には、カタクリなどの春植物が花を咲かせます。それらの多くは気候が冷涼な時代に大陸から日本に分布を広げた植物で、春先には明るく、夏は木陰となる落葉樹林をレフュージア（避難場所）として、温暖化した日本列島で存続することができました。

燃料革命と農業の近代化によって経済的な価値を失った里山林は、伐採・下草刈り・落ち葉かきなどの利用管理が放棄されました。老齢木ばかりで下層は**ササ**が茂る藪になった樹林からは、樹液を利用する昆虫や草丈の小さい春植物が消え、**フクロウ**などの猛禽類も林のなかで餌をとることができなくなっています。

降水量が多く比較的温暖な日本のほとんどの地域では、採草・火入れなどの人為的な干渉がなければ、草原は維持されません。古来、火入れによって維持された草原は、重要な植物資源採集の場でした。丘陵地・山地に生育する**ススキ**、氾濫原の**オギ**などの茅は、屋根を葺く材料で、茅をとる草原は茅場とよばれました。草は、牛馬の飼料となり、堆肥や厩肥、刈った草をそのまま農地に入れる刈敷（土にすき込む肥料）として利用されました。

牛馬が必要なくなったこと、化学肥料や新たな屋根葺き材料の普及などにより、草原の植物資源の経済価値が失われました。100 年前までは国土の 1 割以上を占めていた草原面積は、2000 年代になるとわずか 3600 km$^2$ にまで減少しました。草原の利用管理がおこなわれなくなり、秋の七草のうちの**キキョウ**、**フジバカマ**のほか、多くの草原の植物が絶滅危惧種になっています。

利用・手入れされている雑木林
なつ
樹液
出てるよ〜！
はる
地上まで光が届くため、
カタクリなどの春植物が育つ

図11-3　雑木林の利用と生物多様性

# 12章 動物の行動と社会

固着性の植物が環境の変動に順化によって対処するのに対して、動物はおもに移動や運動などの行動で環境の変化に対処します。多くの動物は、そのための運動能力と視覚、嗅覚、聴覚などの感覚を発達させており、餌を獲得し、天敵から逃れ、配偶し、子育てをするために多様な行動特性を進化させています。そのうち、同種個体間の関係にかかわる行動は社会行動とよばれます。私たちヒトの行動特性は複雑で多様ですが、その進化をもたらした原理の多くは、動物一般のそれと共通しています。

## 12.1 採餌や繁殖の戦略

動物の行動は多様です。それらは、採餌戦略、捕食者や寄生者などの天敵から逃れる戦略、配偶者を得て繁殖に成功するための戦略、社会のなかで調和して生きる戦略などとして解釈することができ、私たちヒトの行動と心理を理解するうえでも多くの示唆を与えます。

餌の選択・採餌範囲、とり方などに関する採餌戦略には、動物によって大きな違いが認められます。いくつかの選択肢があるなかでの餌の選択には、その餌から得られるカロリーや栄養素などによる適応度へのプラスの効果と、餌をとり、消化するために費やすカロリーなどによる適応度へのマイナス効果のバランスが影響していると考えることができます。

繁殖に関する戦略は、子の数や大きさなどと深い関係をもっています。脊椎動物のなかでもっとも進化の歴史が長い魚類には、数多くの卵を産むだけでまったく世話をしない**サケ**や**タラ**などがとる戦略があるいっぽうで、**トゲウオ**類のようにごく少数の卵を産み、子を守り世話をするものまで多様な戦略がみられます。**イトヨ**は、雄が分泌した粘液で巣をつくり、産卵後の雌を追い払い、子育てをします。鰓で新鮮な水流を送るほか、子が成長するにつれて適宜巣を壊していくことで、酸素不足にならないよう行き届いた世話をします。

安全な子育ての場として巣をつくる動物は多くみられます。多くの鳥が巣に卵を産み、親やヘルパーとなる近縁個体が餌を運んで子の世話をします。巣を中心にして親子や兄弟がいっしょにくらすことは、社会的な行動が進化するひとつのきっかけになると考えられています。

## 12.2 群れ

動物のなかには、個体が単独でくらすものもあれば、群れをつくってくらすものもあります。群れの大きさにも大きな違いがあり、小さな血縁集団から何万何十万もの個体が集まっている大きなものまでさまざまです。

餌との関係でいえば、サバンナの草を餌とする草食動物など、比較的均一に広く分布する豊富な餌に依存する消費者は、大きな群れをつくっています。同じ場所に多数の個体が集まっても餌をめぐる競争は問題とならず、群れることによる個体の不利益は生じません。草食動物が捕食者から身を守るには、むしろ、群れのなかに身を置くことが有利です。

たとえば、アフリカのサバンナの草食動物は、餌をとるあいだもライオンなどの捕食者が近づいてこないかを見張らなければなりません。群れが大きければ交代で見張ることができ、1頭あたりの見張りの時間は少なくてすみ、その分餌をとる時間を多く確保できます。たとえば、500頭の群れで1頭ずつ交代で見張るとすれば、餌をとる時間の0.2%を見張りの時間にあてるだけですみますが、5頭の群れであればその時間は20%にものぼり、摂取できる餌量もその分減少し、適応度も低下する可能性があります。これは、群れをつくる動物にみられるアリー効果（5章）の一種です。大きな群れをつくってくらす動物は、個体が孤立すると死亡率が高まるの

図12-1 テリトリーとホームレンジ

が一般的です。

捕食者など、餌が空間的時間的に偏って存在する場合には、餌をめぐる激しい競争を回避する必要性から、単独、もしくは少数の個体の群れでの生活が有利になります。それは、餌生物にも天敵にも気づかれにくいという利点もあります。

テリトリーは、資源が限られ同種内の競争が激しい場合に、他の個体が入ってこないように防衛する空間です（**図 12-1**）。持ち主の防衛行動によってその範囲がわかります。

ホームレンジは、個体が利用する空間全体を意味します。テリトリーは、それにほぼ重なる場合と、その一部のみを含む場合があります。ホームレンジの広さは、個体が要求する餌量と餌の密度分布を反映して決まります。体重の大きい肉食動物のホームレンジは大きいのが一般的です（**図 12-2**）。ホームレンジは、動物の個体群成長の空間的な制約となり、環境収容力を決めるもっとも重要な要因のひとつといえます。

## 12.3 社会行動と社会

社会行動は、同種の個体間の相互作用をつくる行動で、すでに述べたよ

図12-2　哺乳類のホームレンジの例

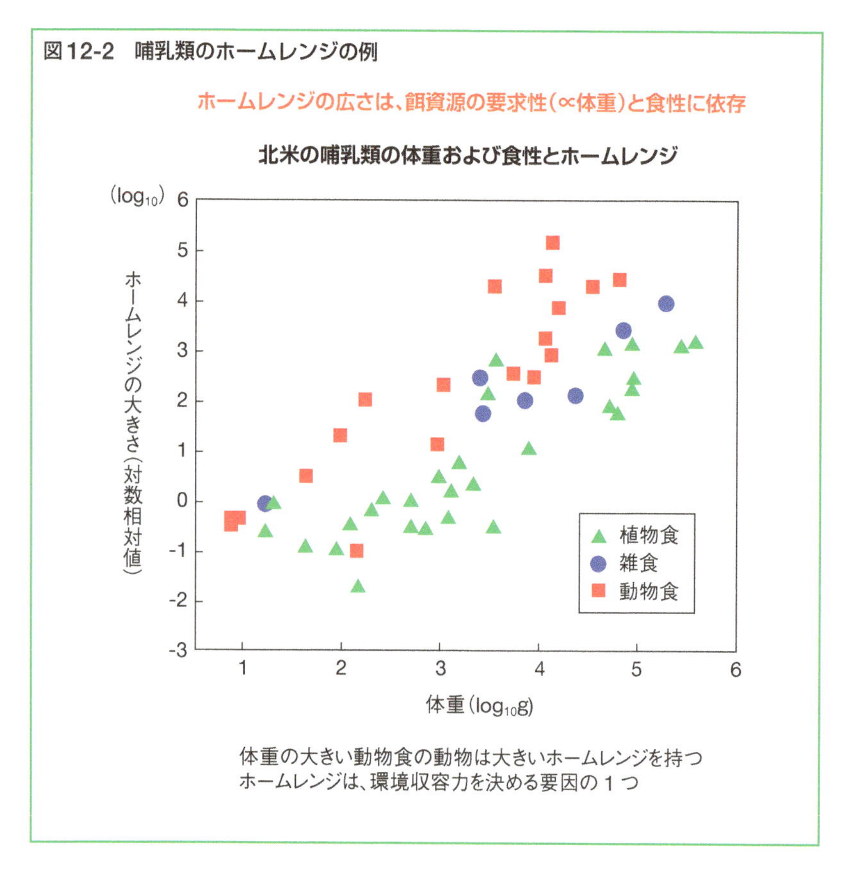


うな攻撃や群れ行動、繁殖行動などが含まれます。とくに、配偶者の獲得、子育て、巣を中心に営まれる家族の関係などに関して、高度な社会的行動がみられます。

種間の関係と同様に、双方に利益（適応度に＋）が生じる場合は協力（相利）、ある個体が利益（適応度に＋）をうける行動において別の個体がコスト（適応度に－）を払う場合を利己的、ある個体がコスト（適応度に－）を払う行動が別の個体に利益（適応度に＋）をもたらす場合には利他的とよびます。動物にはさまざまな社会的行動がみられます。それによって形成・維持される社会は、繁殖期に一時的に成立するものから、同じ巣のなかでくらす血縁集団（家族）のなかで分業がすすみ、自らは繁殖せずに他の個体の繁殖を助けるカーストが存在する真社会性まで、その組織化

column **託卵をめぐる戦略**

鳥類の中には親が子育てをせず、他種の親鳥にそれを託すものがあり、その行動を託卵とよびます。日本でみられる代表的な託卵鳥は、カッコウ科の**カッコウ、ホトトギス、ツツドリ、ジュウイチ**です。

託卵鳥は仮親（宿主）の巣に親鳥の留守中に卵を産みます。たとえば、カッコウは、**モズ、オオヨシキリ、ホオジロ**などの巣に卵を産みます。体が大きいカッコウの雛は仮親の雛よりも早くかえり、他の雛を巣の外に捨ててしまい、仮親からの給餌を独占します。地域によって仮親にする種が異なり、カッコウの卵は、その地域の仮親の卵に外見が似るように適応進化しています。

同種の他のつがいの巣に卵を産む種内托卵も、**ムクドリ**などで知られています。

托卵は、子育てにかけるコストを回避できる点で有利な戦略であり、鳥類だけでなく昆虫や魚類にもみられます。托卵される側には、適応度に負の効果が生じるため、それを防ぐために托卵された卵を見分けて排除するなどの戦略が進化しています。

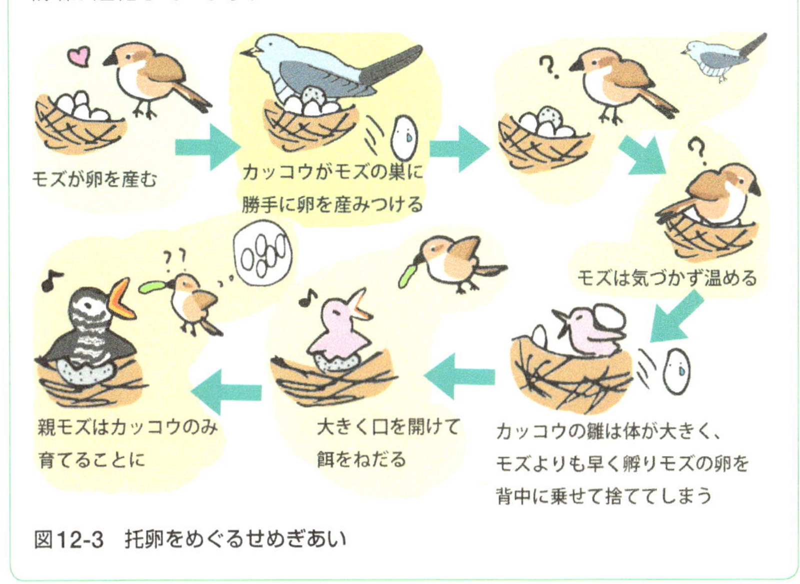


**図12-3　托卵をめぐるせめぎあい**

の程度はさまざまです。動物の社会に広く目を向けることは、私たちヒトの社会を理解するためにも意義が大きいと考えられます。

## 12.3.1　繁殖にかかわる社会行動

群れをつくる動物では、繁殖の機会を群れのなかの1個体もしくは少数の個体が独占している場合、その個体をα雄、α雌などとよびます。その地位の獲得・維持のためには儀礼的なものも含め、闘争がみられます。そのための「武器」である角や牙などをもつ動物も少なくありません。それが、配偶者としての魅力を高める「装飾」として機能する場合には、性選択（4.1.3）によって進化します。

より高次の社会が発達する契機ともいえる社会的関係は、子どもの世話のために親やそれ以外の近親個体が家族をつくって協力する関係です。子どもの世話における個体の役割分担は、無脊椎動物にも脊椎動物にも多様な例が知られています。家族は、巣をつくっていっしょにくらします。

卵生で1回に産む卵の数が10個を超えることがほとんどない鳥類では、95%の種が両親で子の世話をします。巣で卵を温め、天敵から守り、ふ化した後は餌を運んで与えます。両親が交代で世話をおこなうのが普通ですが、近縁の非繁殖個体がヘルパーとして参加することがあります。子育ての成功にとってヘルパーの役割は重要で、子育てに加わる非繁殖個体の数が多ければ多いほど繁殖の成功率が高まることが知られています。キツネなど、母親だけが子育てをするイヌ科の動物でもヘルパーが重要な役割を果たします。

哺乳類は、胎盤を通じて雌親から胎児に栄養補給をし、子の誕生後も、栄養のある乳を与え、手厚く子の保護と保育をおこないます。そのため、乳を出す雌親の役割が大きいのが一般的です。しかし、ヒトを含む霊長類やイヌ科の一部では、雄も保育にかかわり、一夫一妻を基本とする家族が形成されます。

## 12.3.2　真社会性

真社会性は、おもに**シロアリ**、**アリ**や**ハチ**のコロニー（女王を中心とする家族）にみられます。真社会性かどうかを判断する基準としては、①複数個体が協力して子育てをすること、②不妊個体が重要な役割をもつこと、③2世代以上が同じ巣でくらすことがあげられています。

アリやハチは、女王と雄の繁殖カーストと女王の娘である不妊カーストのワーカーが同じ巣で生活をしています。たとえば、野生の**ニホンミツバチ**は、木の洞などに1匹の女王バチがその子どもの多数のワーカーと雄バチとともにくらします（**図 12-4**）。花から蜜や花粉を餌として集めるのも（外勤）、巣の中の衛生状態を良好に保ち子育てをする（内勤）のもワーカーの仕事です。スズメバチなどの天敵に対する巣の防衛もワーカーが集団でおこないます。

真社会性が進化するには、外敵から家族を守る巣に2世代以上がともにくらすことが条件の1つであるとされています。真社会性のもっとも重要な特徴は、自らは繁殖せず繁殖個体やその子のために働く不妊カーストの存在ですが、その利他性の進化は、個体の適応度のかわりに包括適応度を用いて説明するか、あるいは、グループ（家族）間の競争を選択圧とするグループ選択によって説明されます。

包括適応度は個体自身が残す子による直接的適応度と間接的適応度（「繁殖を手伝った血縁者が残す子による適応度増加分」と「その血縁者との血縁度」の積）の和として定義されます。血縁度は共通の祖先から同じ遺伝子を受け継いでいる確率を意味します。2倍体の生物では、子は母親と父親から2つの遺伝子セットのうち1セットずつを受け取るので、親子の血縁度は1/2、兄弟姉妹の間では、母親経由、父親経由で1/4ずつ共通なのでその和の1/2となります。ハチやアリの雄は半数性なので、姉妹は、父親経由ではまったく同じ遺伝子セットを受け取るので、母親経由での1/4、父親経由の1/2を加えて3/4となります（**図 12-4**）。姉妹の近縁度が高いので妹（新女王）を多く育てることは高い包括適応度を実現することになるのです。

真社会性はアリやハチやシロアリだけでなく、十脚類（エビの仲間）や哺乳類にもみられます。哺乳類では、東アフリカの半乾燥地帯に地下トンネルの巣を掘って家族集団で生活する**ハダカデバネズミ**の例が知られてい

**図12-4　真社会性昆虫のコロニーと兄弟姉妹の血縁度の非真社会性生物との比較**

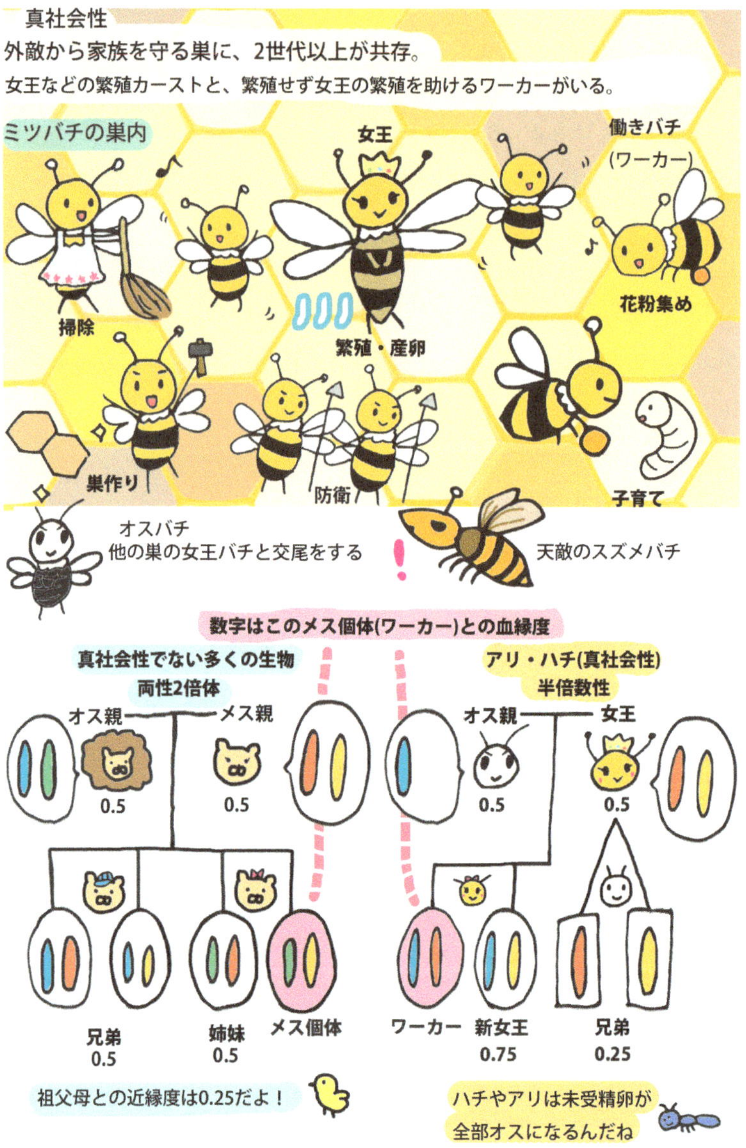

真社会性
外敵から家族を守る巣に、2世代以上が共存。
女王などの繁殖カーストと、繁殖せず女王の繁殖を助けるワーカーがいる。

ミツバチの巣内
女王
働きバチ
(ワーカー)
掃除
繁殖・産卵
花粉集め
巣作り
防衛
子育て
オスバチ
他の巣の女王バチと交尾をする
天敵のスズメバチ

数字はこのメス個体(ワーカー)との血縁度
真社会性でない多くの生物
両性2倍体
オス親
メス親
0.5
0.5
兄弟
0.5
姉妹
0.5
メス個体

アリ・ハチ(真社会性)
半倍数性
オス親
女王
0.5
0.5
ワーカー
新女王
0.75
兄弟
0.25

祖父母との近縁度は0.25だよ！
ハチやアリは未受精卵が
全部オスになるんだね

column　**真社会性の哺乳動物ハダカデバネズミ**

　ハダカデバネズミは、１頭の女王のみが繁殖し、数頭の王、巣の防衛を担う兵隊、および子育てなどの仕事をするワーカーが地下の巣でともにくらす真社会性の哺乳類です。ときには長さ１kmにもおよぶ複雑なトンネルを地下に掘って植物の根や地下茎を餌として大家族でくらしています。天敵に襲われにくい場所に巣をつくり、植物食であることなど、その生態は、真社会性の昆虫と共通しています。

図12-5　ハダカデバネズミと地下の巣

ます。

## 12.4 ヒトの社会と行動

　ヒトは複雑な社会を発達させた特異な動物です。その社会の原初的な姿は、動物の社会、すなわち、繁殖・子育ての機能を担う家族を単位とする社会（血縁集団）であると考えられます。外界から多少なりとも守られた巣ともいうべき空間で生活が営まれ、そこに複数世代がともにくらすことなど、多くの点で、発達した社会をもつ動物と共通しています。

ヒトの社会は、時代を経るにつれて、血縁集団を大きく超え、規模が大きく、また複雑なものに発達しました。ヒトの社会行動のなかには、生物としての適応進化だけでは理解が難しいものも少なくなく、それは文化的適応として解釈されます。

文化は、特定のグループを他から区別することのできる一連の行動特性をさします。文化を構成する行動特性は、集団の一員から集団全体に広がり、別の集団に伝えられることもあります。**ニホンザル**の群れで観察された芋洗いの行動の伝播や道具の使用など、文化ともいうべき行動特性をもつ動物はヒトに限りません。しかし、ヒトは、他の動物と比べると格段に複雑な文化をもつ特殊な動物であることも確かです。

# 13章 地球生態系の現状と未来

ヒトによる環境改変が甚大な影響を及ぼすようになった現代は、安定した環境を特徴とする地質時代である完新世からはずれた「人新世」であるともいわれています。地球環境問題のうち、とくに「地球の限界」(ヒトの持続可能性からみた安全限界)を逸脱しており、もっとも深刻なのが生物多様性の喪失です。地球温暖化や窒素循環の改変など、農業などの人間活動に由来する環境変化が脆弱な生物種の絶滅の危機を高めています。

## 13.1 ヒトの戦略と環境改変

熱帯をおもな生息域とする類人猿のなかにあって、ヒトはもっとも分布が広く、地球全体に分布域を広げています。ヒトは、生活のしかたや行動を場所や時代によって異なる環境にあわせて変えることで、かつての気候変動などの環境の試練を乗り越えてきました。それには生物としての適応だけでなく、言語や絵画で経験を共有できるなどの文化的適応が大きな役割を果たしたといえます(12.4)。文化的適応は、生物としての適応進化には短すぎる世代内で有効にはたらき、短時間のうちに環境に大きな影響を与えることもあります。

ヒトがアフリカを出て分布を広げつつあった時代には、地球の気候が大きく変動しました(**図 13-1**)。氷河期と間氷期の繰り返しは、生活そのもののみならず、対環境戦略や分布拡大速度などにも大きな影響を与えたと推測できます。

**図13-1　気候変動のグラフ　氷河期と間氷期**

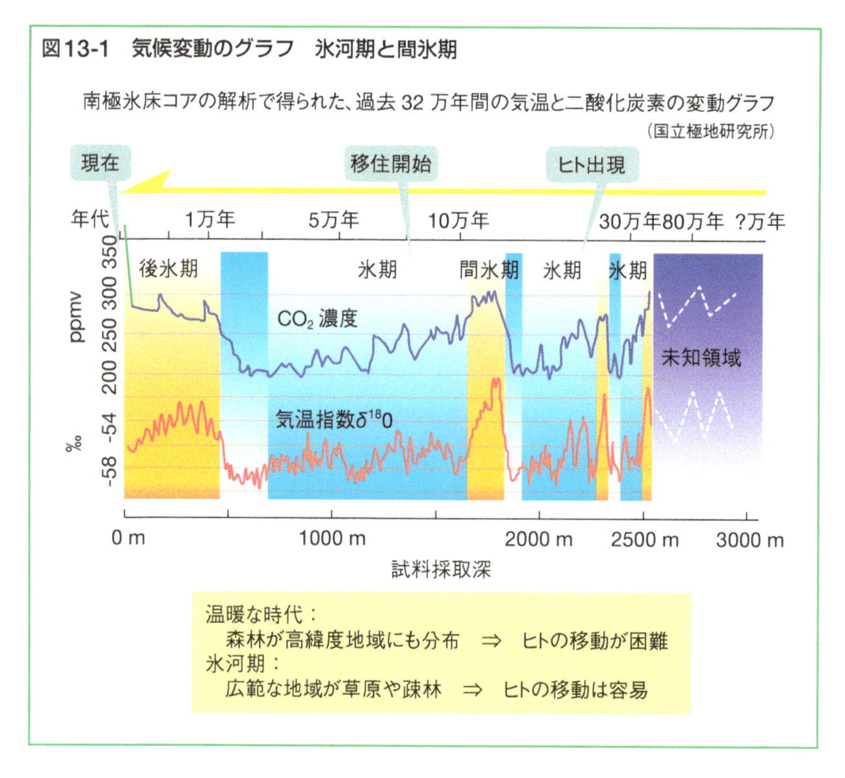


温暖な時代には、森林が高緯度地域にまで広がりました。森林の多様な恵みを利用する生活が営まれるいっぽうで、生い茂った木々は、ヒトの移動を妨げます。水域がおもな移動路とならざるをえなかったでしょう。

氷河期にはユーラシア大陸の大部分がツンドラ、草原、疎林でおおわれました。厳しい冷涼な環境のもとで大型哺乳動物を狩り、保存して利用する生活が営まれ（**図13-2**）、樹木などの障害物の少ない陸上を移動することが容易なことから、ヒトの分布拡大が加速したと推測されます。

アフリカからの移動経路により、異なる自然環境を経験したグループは、異なる文化、戦略を身につけたと考えられますが、その両極端は、自然を征服することを重視する戦略を生んだ「厳しい環境のもとで大型哺乳動物を狩るくらし」と、自然との共生を尊ぶ戦略につながった「温暖な気候のもとで森や水辺の恵みに頼るくらし」であったと推測されます。

20万年以上もの年月にわたって変動の激しかった地球の平均気温は、1

図13-2　ラスコーの壁画からうかがわれる狩猟中心の生活

万年ほど前になると安定しました。それ以降の地質時代が完新世です。

温度や降水が規則的に季節変化する安定した環境のもとでは、経験に頼って作物を育て家畜を飼う農業が可能です。採集だけに頼るよりも確実に食料を得ることができるようになるいっぽうで、世代を超えた経験の伝達や知の集積は、農業だけでなく、文明や科学の発展の礎ともなりました。

1万年ほどのあいだ安定していた地球環境を大きく変えたのが、産業革命以降の人間活動です。人間活動の地球環境への影響があまりにも大きく安定性が損なわれた現代は安定環境を特徴とする完新世に含めるべきでなく、新たな地質時代、人新世（アントロポセン）とすべきであるという主張もなされています。

## 13.2 地球環境の限界：人間活動を評価する

いくつもの地球環境問題に直面した1980年代から2000年代にかけて、人間活動と地球生態系との関係について、さまざまな評価がなされてきま

**表13-1　地球サブシステムの限界指標値と現状**

| 地球環境のサブシステム | パラメーター | 限界値 | 現状 | 産業革命前の値 |
|---|---|---|---|---|
| 気候変動 | (i) 大気中二酸化炭素濃度(ppmv) | 350 | 387 | 280 |
| | (ii) 放射強制力の変化($W/m^2$) | 1 | 1.5 | 0 |
| 生物多様性の損失 | 絶滅率(100万種あたりの絶滅種数/年) | 10 | ＞100 | 0.1-1 |
| 窒素循環 | 人間の利用のために大気から固定される窒素量(100万t/年) | 35 | 121 | 0 |
| リン循環 | 海洋に流れ込むリンの量(100万t/年) | 11 | 8.5-9.5 | ～1 |
| オゾン層の減少 | オゾン濃度(DU) | 276 | 283 | 290 |
| 海洋の酸性化 | 海表面における全地球平均アラゴナイト飽和度 | 2.75 | 2.90 | 3.44 |

**図13-3　ロックストロームらの分析・評価の結論**

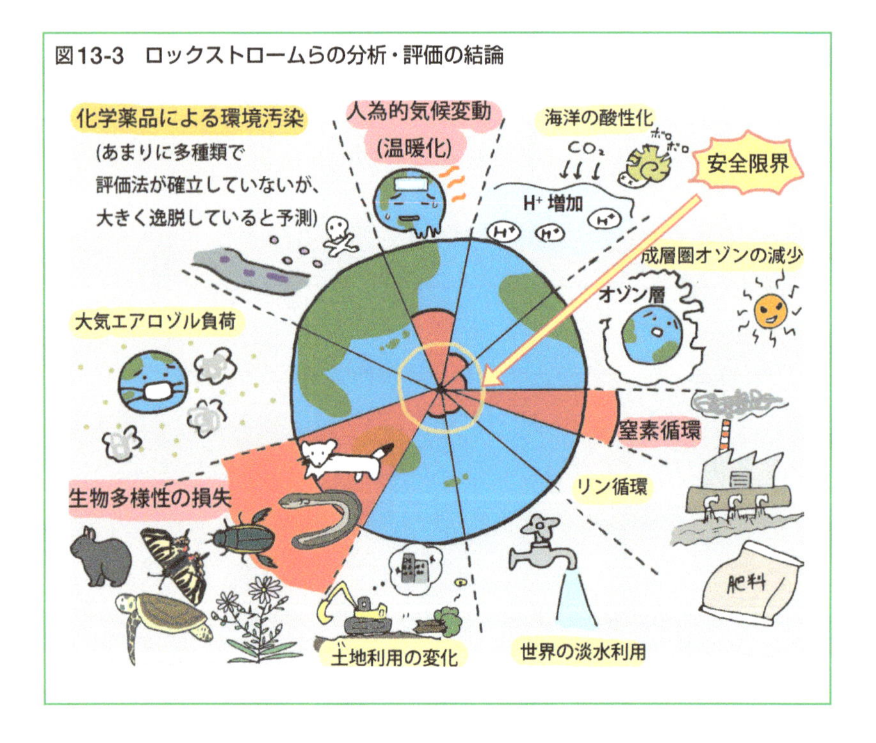

した。

スウェーデンのロックストロームが率いる欧米各国の研究者を含む研究チームは、現在の地球環境が人類の持続可能性からみた安全限界から逸脱しているか否か、逸脱しているとすればどの程度なのかを定量的な指標（**表13-1**）によって評価しました。

検討の対象としたのは、①人間活動によっておきる気候変動（地球温暖化）、②生物多様性の損失、③窒素・リンの地球生物化学的循環への人為的干渉、④成層圏におけるオゾンの減少、⑤海洋の酸性化、⑥淡水の利用、⑦土地の利用（開発など）、⑧大気へのエアロゾル（大気中に分散している微粒子）、⑨化学汚染、の９項目です。

その結果、安全限界からの明らかな逸脱が確認されたのは、①人為的な気候変動（温暖化）、②生物多様性の損失、③窒素循環の改変でした（**図13-3**）。⑨化学汚染については、大きな逸脱が推測されるものの、現在環境中に存在する膨大な数の化学物質が生物に与える影響と複数の物質が同時に作用した場合の複合影響などについての科学的知見が不十分なため、指標を用いた分析・評価ができませんでした。

ロックストロームらが評価した問題の大半が、かつての農業とは大きく異なる現代の農業が主要な原因となっています。現在では農地（放棄されたものも含む）が地球の陸地面積の60％を占めるまでに拡大し、熱帯地域などで森林・湿地が農地開発で失われつつあること、広大な面積が単一の作物だけで占められるモノカルチャーとなり、化学農薬や化学肥料など、かつては自然界に存在していなかった化学製品が大量に投入されて環境中にも拡散されることなどがその理由です。地球環境を保全して、ヒトの持続可能性を確保するうえでは、農業を環境への負荷の少ないものに変えていくことがもっとも重要な課題のひとつとなっています。

## 13.3 生物多様性の危機

安全圏からの逸脱がもっとも大きいと評価されたのは、「生物多様性の損失」です。指標として用いられた絶滅率（1000年のあいだに1,000種のうち何種が絶滅するか＝1年間に100万種あたり何種絶滅するか）は、人間の影響がないバックグラウンドの値は、化石の研究から、100万種あたり年間0.1～1種と推定されます。安全限界値をその10倍の100万種あたり10種と仮定すると、現在の絶滅率は、すでに安全圏から大きくはずれているといわなければなりません。

IUCNの地球規模のレッドリストによれば、地球に生息する哺乳類の1/4近くの種が絶滅の危機に直面しており、霊長類ではその割合は1/2にものぼります。両生類も1/3の種が絶滅のおそれがあると評価されています。

生物多様性は、地球温暖化をはじめとする他の地球環境の劣化の影響のすべてを受けることから、地球環境のもっとも総合的な指標であるともいえます。

生物の絶滅のリスクを高めている人間活動に由来する直接の要因としては、直接個体を間引く乱獲や過剰採集、農薬など有毒物質による環境汚染や富栄養化などの生息・生育場所（ハビタット）の環境劣化、侵略的外来生物の影響（9章）、ハビタットの喪失や分断孤立化をあげることができます。地球温暖化などによる広域的な環境改変も影響を強めつつあると推測されています。これらの要因は単独で作用して絶滅リスクを強めるというよりは、複合して相乗的に作用し、脆弱な種の個体群を縮小させて小さな個体群の状態に陥れて絶滅リスクを高めます（5章）。

### 13.3.1 絶滅要因：ハビタットの喪失・分断孤立化

直接の絶滅要因のなかでもっとも影響が大きいとされるのは、ハビタットの喪失と分断孤立化です。地球規模では食料やバイオ燃料の生産を目的とした湿地や熱帯林の農地開発がそれをもたらします。

ハビタットの喪失や分断孤立化が重要な要因であることは、日本でも、環境省がまとめたレッドデータブックの絶滅危惧種の絶滅要因からも読みとることができます。分類群を問わず、開発の影響が大きいからです（**図13-4**）。

分断・孤立化は、ハビタットの一部が残されていたとしても、個体群の

**図13-4　レッドリスト掲載種の絶滅要因**

存続を危うくします。個々の場所に収容できる個体群が小さくならざるをえないからです。また、分断孤立化は、個体の移動を妨げます。一生のうちに複数の生息・生育場所を必要とする生物は、その生活史をまっとうできなくなります。たとえば、海と川の上流域、川の流路と氾濫原湿地の止水域、水辺と樹林というように、一生のうちに複数の異なるハビタットを利用する魚類や両生類は、ダムや堤防、河口堰や防潮堤などの人工構造物、農地開発、市街地化などによって移動がさまたげられるとメタ個体群（5章）の存続が難しくなります。

## 13.3.2　海洋環境の改変

地球の水は大部分が海水として海洋に存在しています。その水によって、海洋の環境は長期的に安定しています。しかし、近年になると、海洋環境は大きく変化するようになりました。沿岸域は、近年、埋め立てなどの直接の影響や栄養汚染など、陸上での人間活動の間接の影響を受けて急速に変化しましたが、深海域はごく最近までは、人間活動の影響がもっとも及びにくい空間でした。しかし、近代的なトロール漁法などによる魚類の乱獲や栽培漁業による汚染などによって深海を含めた海洋環境は大きく改変されています。

海洋生態系において一次生産をおもに担う植物プランクトンは小さく(μm オーダー)、それを直接消費する一次消費者も、陸上のおもな一次消費者の植物食昆虫に比べると体の大きさが何桁も小さい動物プランクトンです。そのため、高次捕食者と動物プランクトンの間の食物連鎖は、何段階もの消費者を含みます（**図 10-6**）。長い食物連鎖は、生物濃縮による高次消費者の体内への有害物質の蓄積をもたらします。

近年では、海洋のプラスチック汚染の問題が広く認識されるようになりました。広大な海洋も、今では海域によっては陸や海で棄てられたプラスチックが波などの影響で細かく破砕された破片が大量に漂っています。これらが海鳥や魚類などの海洋生物の体内に取り込まれることによる、海洋の生物多様性や海産物を介したヒトの健康への影響も懸念されています。

## 13.3.3　沿岸の危機：干潟

陸の生態系とつながっている河川水は、一次生産に必要な窒素、リン、鉄などを含む栄養塩を豊富に含みます。それが流入し、しかも水深の浅い沿岸域は、植物プランクトンだけでなく海藻や海草の一次生産がさかんです。大型植物がつくる構造は、動物にとっての多様な生息環境をつくっています。バイオマスも生物多様性も豊かな沿岸域の生態系のうち、とくに生物多様性と生態系サービスの点から注目されるのが干潟とサンゴ礁です。

干潟には、河川が運んできた砂泥が堆積しており、潮の満ち引きに伴いその表面が海面下に沈んだり露出したりを繰り返します。陸から供給される栄養塩や有機物が豊富なだけでなく、酸素の供給も十分なため、微生物のほか、多毛類（ゴカイの仲間）、甲殻類、二枚貝類、魚類、鳥類など多くの生物が生息します。

生態系をささえているのはデトリタス（水中や砂泥に含まれる有機物の粒子）であり、干潟の炭素量に占める割合は、砂泥に付着する藻類や植物プランクトンなどよりも大きく、腐食連鎖（10章）が生食連鎖とともに重要な役割を果たしています。**アナジャコ**や二枚貝類は水とともに懸濁物を吸い込み、有機物をろ過して餌として利用します。スナガニ類は砂泥表面に堆積した有機物を砂泥とともに取り込み、有機物を濾し取ります。このような食物連鎖を介して有機物や栄養塩の循環（基盤サービス）がもたらされると同時に、水が浄化されます（調節サービス）。干潟に生息する**アサリ**や**ハマグリ**などの二枚貝、**シャコ**や**ガザミ**などの甲殻類、**マハゼ**や**ニホンウナギ**などの魚類は、干潟の恵みともいうべき供給サービスを提供します。これらを採集する潮干狩りや釣りを楽しむという文化的サービスも提供されます。

日本では、干潟の減少はきわめて急であり、1945年に82,621 haあった干潟は、埋め立てなどの開発により1996年までに49,380 haにまで減少しました。50年で約40%の干潟が失われたことになります。

### 13.3.4 沿岸の危機：サンゴ礁

サンゴ礁（珊瑚礁）は、地球規模でもっとも危機に瀕している沿岸域の生態系です。**造礁サンゴ**はクラゲと同じ刺胞動物の一種で、細胞内に光合成をおこなう褐虫藻を共生させています。そのためサンゴ礁は、浅く透明度の高い海に発達します。褐虫藻の光合成産物は、サンゴ体外にも放出されます。サンゴ礁は、造礁サンゴの炭酸カルシウム骨格によって形成されます。光合成産物と生息場所の提供により、多様な魚類や甲殻類の生息場所となります。その高い生物多様性によって安定的にもたらされる生態系サービスは、褐虫藻や植物プランクトンがおこなう光合成による基盤サービス、魚類や甲殻類などの食料生産の供給サービス、釣りやダイビングなどで楽しむ場としての文化的サービスのほか、光合成は地球温暖化の緩和策に寄与し、また波を和らげる効果を通じて防災・減災に寄与するなど、調整サービスも提供します。

古来、熱帯・亜熱帯域の島嶼にすむ人々の生活をささえてきたサンゴ礁ですが、共生する褐虫藻が海水温上昇などのストレスによって脱出することで生じるサンゴの白化が世界各地から報告されています。ミドリイシ科のサンゴを捕食する**オニヒトデ**の大量発生も、造礁サンゴの脅威の１つとなっています。

日本では、サンゴ礁の面積は1978年に36,495 haでしたが、1990～92年の調査では34,186 haに減少していました。今後温暖化が進行すれば、サンゴ礁の生態系は地球規模で甚大な影響をうけると予測されています。

## 13.4 地球温暖化と対策

人間活動による大気中の二酸化炭素や一酸化窒素などの温室効果ガスの増加に伴い、地球温暖化が進行しています。人間活動による炭素循環（12章）の改変は、気候変動を通じて生態系と社会に深刻な影響をもたらすことが予測されています。いっぽうで、海洋に吸収された$CO_2$は、海洋の酸性化をもたらしつつあります。

### 13.4.1 現状と求められる対策

人為的な原因による気候変動である地球温暖化は、温室効果ガスと温度という明瞭な指標により、科学的に現状把握と将来予測ができます。科学的な情報を政策に反映するための「気候変動に関する政府間パネル」(IPCC)によれば、最近の100年間に世界の平均気温が0.74℃上昇しており、人類がこれまでどおりの経済活動を続ければ、今世紀末までに約4℃、経済優先の姿勢をあらため環境保全と経済発展との両立をはかった場合でも、約1.8℃（1.1～2.9℃）の気温上昇が予測されています。

地球温暖化はすでに防ぎようもないところにまで進行しており、社会と個人が異常気象の頻発や嵐の激甚化、海面上昇などに適応するための対策として「適応策」が必要となっています。また、気候を安定させるためには二酸化炭素濃度を少なくとも 450 ～ 550 ppm の範囲におさめなければならないことが明らかにされており、温室効果ガス排出量の大幅削減による「緩和策」を実行することも喫緊の課題となっています。

## 13.4.2 適応策とリスクのとらえ方

適応策は、各地域における影響に応じて、人間社会におよぶリスクを軽減させる対策であり、それぞれの地域の事情に応じた個別の対策が必要です。適応策をとるうえでの基本的な考え方は、異常気象などハザード（危険事象）によって生じるリスクは、危険事象とそれに対する暴露（危険事象に個人もしくは地域社会がさらされる程度）および脆弱性（暴露された場合の弱さ）の相乗的な効果としてとらえ、とるべき対策を明瞭にすることが必要です。

リスク ＝ ハザード × 暴露 × 脆弱性

リスクは、ハザード、暴露、脆弱性のいずれかを小さくすることで抑えることができます。

気候システムの変化がもたらすハザードの低減には、国際的な協力による実効性のある緩和策が必要です。パリ協定は、その合意形成に寄与します。しかし、それによる各国の取り組みが効を奏するには時間が必要です。また、これから徹底した対策をとっても、平均気温が 2℃程度上昇することが予測されています。対策の効果があがったとしても気候システムに及ぼす影響は決して小さいものではありません。ハザードの低減がすぐに実現することがきわめて難しい現状において、適応策として、暴露と脆弱性をできるかぎり低減させる対策をとることが必要です。温暖化による異常気象や海面上昇などの自然災害に対しては、被害を受けやすい場所には居住しないなど、「暴露」を抑える対策をとり、さらに、たとえ暴露されて

## column　地球温暖化の生物多様性への影響

地球温暖化は人間社会のみならず生物多様性にも深刻な影響をもたらすと予測されています。すでにその影響として多くの報告がなされているのは、分布域や生物季節の変化です。最近数十年間に、陸上・淡水・海洋生態系を問わずさまざまな生物がその分布域、季節的な活動や渡りの様式などを変化させていることが明らかになってきました。

温暖化がおもな要因と考えられる絶滅も報告されています。1980年代に中米コスタリカのモンテベルデ雲霧林でおきた**オレンジヒキガエル**をはじめとするカエルの一斉絶滅は、温暖化に伴う異常気象による旱魃が主な要因であったと推測されています。

気候モデルによる予測からは、降水量が増える地域があるいっぽうで、降水量が減少して乾燥が強まる地域があることが示されています。そのため、気温から予想されるのとは逆の低い標高への植物の分布移動がみられることもあります。シェラネバダ山脈西部から北部カナダのロッキー山脈東部に至る地域の約300種の植物の過去40年間の分布の変化を調べたところ、60%以上の種が温度がより高い低標高方向に分布を移動していました。その変化は降水量の減少に対応したものと解釈されます。乾燥が植物の生育を制限している地域では、植物は雨や雪のより多い方向に分布を移動させているのです。

大都市では、人為的気候変動とヒートアイランド現象ともよばれる都市気候があいまって温暖化が急速に進行しています。世界の年平均気温は100年あたり0.68℃で上昇しており、日本の平均気温もこの100年間に1.15℃の気温の上昇がみられますが、東京では3℃も上昇しています。市民参加による東京の蝶モニタリング http://butterfly.tkl.iis.u-tokyo.ac.jp/ のデータからは、2000年より前には東京でほとんどみられなかった南方系の蝶**ツマグロヒョウモン**が2010年代には東京でもっとも普通にみられる蝶の1つになるなど、南方系のチョウの進出が顕著なことや、東京で個体数がもっとも多い**ヤマトシジミ**は生息季節の長期化により化性（年間繁殖回数）を増やしていることなどが明らかにされています。

地球温暖化が進行すると日本の河川からの天然**シロザケ**が今世紀中に消失する可能性も予測されています。北海道の河川で孵化（ふか）した幼魚は、オホーツク海から北太平洋のベーリング海を経由してアラスカ湾を回遊し、成熟した後に、カムチャツカ半島および千島列島の沿岸を経由してふたたび生まれた川に戻って産卵しますが、オホーツク海の海水温は2050年頃までに、2～4℃上昇すると予測されており、海水温の上昇が回遊を阻害すると予測されるためです。

今後、急速に進む気候の変化に適応できず、また、生息・生育場所が分断孤立化していることで高緯度／高標高の土地への移動が難しい種、もともと高山帯に生息・生育する種などの絶滅が危惧されています。

も、それにうまく対処できるようにさまざまな備えをすることで、脆弱性を克服することが有効な適応策としてリスクの低減に寄与します。

暴露を抑えるための土地利用は、「生態系を活用した防災・減災」ともよばれ、有効な適応策の要素となることが期待されています。

## 13.5 環境変化に対する生物種の反応と生物多様性の保全

温暖化を含む現在の急激な環境変化に対する生物種の反応は、生態特性の異なる生物グループごとに大きく異なります。

世代時間が短く、人間活動にすでに適応して個体数が多い害虫、雑草、微生物などは、急速な環境変化に遅れず適応進化してその勢いを増すことが予測されます。それに対して、哺乳類などの世代時間が長い生物、個体密度がすでに低下し遺伝的変異を失っている絶滅危惧種などは、適応進化はのぞめず、不適な環境がもたらすストレスにより絶滅リスクをいっそう高めるおそれがあります。そのような反応の違いによって、今後に予測されている生物の絶滅率の大幅な上昇は、その数字以上に大きな影響を生態系に与えることが予想されます。

絶滅リスクなど生物多様性への負の影響は、温暖化を含む多様な要因の複合影響であり、それは単なる相加効果ではなく、多少とも相乗的な性格をもつと考えられます。したがって、輻輳して絶滅リスクを高める要因のうち、地域で対処・操作ができる要因を除去・低減させることが有効であると考えられます。保護区など、生物多様性の保全・再生を目的として管理する土地の拡張、生態系ネットワーク（生態系の連結性）の保全・回復、外来生物の影響排除などをすすめることは、地球温暖化の生物多様性への影響を軽減するうえでも重要であると考えられます。

いっぽうで、気候変動の被害を軽減するための「適応策」の実施が生物多様性を損なうことのないような配慮が欠かせません。河畔や沿岸の自然植生が、津波などの災害から地域社会を守る効果が期待されます。生態系を利用した減災・防災の視点から、自然植生を保全したり自然再生をすすめることは、気候変動への適応策としての効果が高い「生態系インフラストラクチャー」として、今後重視していく必要があるでしょう。

### column　緩和策と生態系

気候変動の緩和策としては、化石燃料由来の温室効果ガス排出の大幅削減はもとより、有機炭素の貯蔵庫としての森林、湿地、土壌、海洋の保全と再生を重視する必要があります。熱帯雨林のような生物多様性が高く同時に炭素の貯留機能も大きい生態系を保全すれば、気候変動の緩和に寄与するとともに生物多様性の保全に大きな効果が期待できます。

植生と土壌には、大気の2.7倍もの炭素が有機物として貯留されています

図13-5　地球温暖化の緩和策

（10 章）。熱帯雨林や泥炭湿地は、とくに大きな炭素の貯蔵庫であり、その保全と再生は、緩和策に大きく寄与すると考えられます。

2000 年代になると欧米で石油などの化石燃料の代替として、植物を原料としたバイオ燃料の普及が政策となり、熱帯雨林や泥炭湿地をバイオ燃料生産のための穀物畑やパームヤシ林などへ転換する圧力が強まりました。そのような農地開発は、生物多様性を損なうだけでなく、植生と土壌に蓄積されていた有機炭素の放出をもたらします。たとえば、泥炭湿地を農地として開発すると、何千年ものあいだに植物が光合成で生産し泥炭として蓄積されてきた有機炭素が分解され、大気に放出されます。このような、土地転換による「炭素負債」（二酸化炭素放出量）は、どのような生態系を開発し、どのような農業をするかで大きく異なります。バイオ燃料も、昔のさとやまでの植物資源の利用のように野草を原料にすれば炭素負債がほとんど生じず、自然環境管理としてもすぐれた効果が得られます。

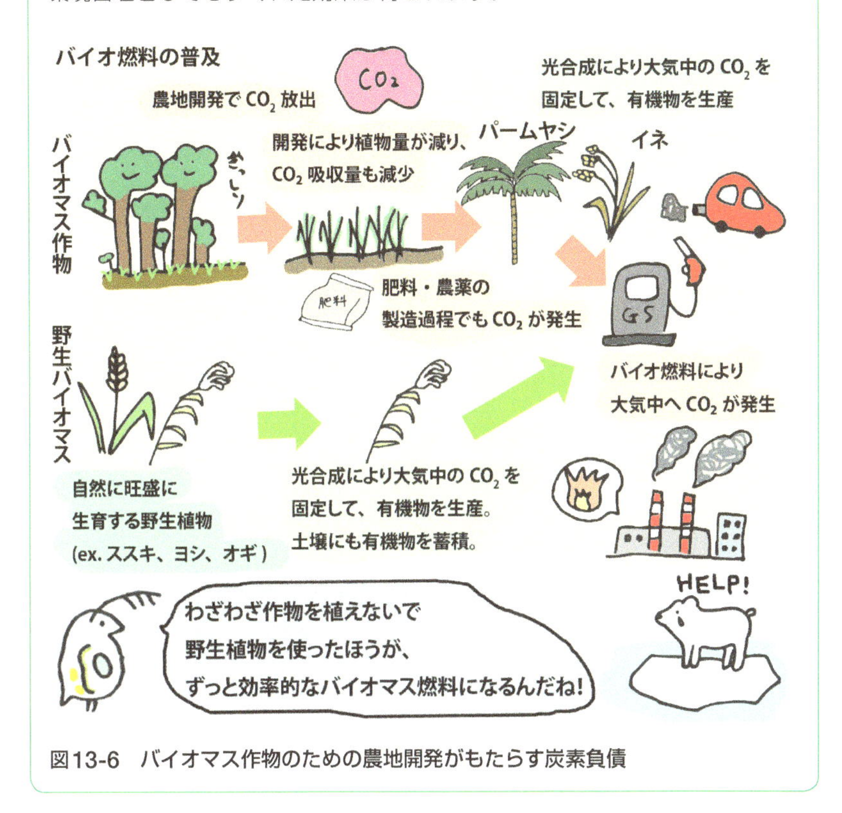


図13-6　バイオマス作物のための農地開発がもたらす炭素負債

# さくいん

## 英数



## あ行



## か行

## さ行

## た行



## な行

## は行



## ま行



## や行



## ら行



## わ行

## 著者紹介

鷲谷（わしたに）いづみ（理学博士）
1972年　東京大学理学部卒業
1978年　東京大学大学院理学系研究科博士課程修了
現　在　東京大学名誉教授

NDC468　175p　21cm

**大学1年生（だいがくねんせい）の　なっとく！生態学（せいたいがく）**

2017年10月20日 第1刷発行
2020年 7月22日 第2刷発行

著　者　鷲谷（わしたに）いづみ
発行者　渡瀬昌彦
発行所　株式会社 講談社
〒112-8001 東京都文京区音羽2-12-21
販　売　(03) 5395-4415
業　務　(03) 5395-3615

編　集　株式会社 講談社サイエンティフィク
代表　矢吹俊吉
〒162-0825 東京都新宿区神楽坂2-14　ノービィビル
編　集　(03) 3235-3701
本文データ制作　株式会社 エヌ・オフィス
カバー・表紙印刷　豊国印刷 株式会社
本文印刷・製本　株式会社 講談社



**ISBN 978-4-06-153897-9**